U0323134

普通高等教育"十二五"规划教材

材料化学基础实验指导

主　编　廖晓玲　徐文峰
副主编　李　波　杨晓玲
　　　　刘　雪　贾　碧

北京
冶金工业出版社
2015

内 容 提 要

本书包括基本操作实验、材料制备实验和综合实验等三个部分，共45个实验。基本操作实验部分涉及材料化学实验常识、实验基本操作与技能等14个实验；材料制备实验部分是以高分子材料、无机非金属材料和纳米材料的化学制备实验作为基本内容，共包括25个实验；综合实验部分侧重实验的综合性、研究性，包括新型生物材料和反映近代科学技术发展的前沿材料等6个综合性化学制备实验。全书注重从化学检测角度阐述各种材料制备及性能测试，同时书末附有材料常用简称、常见聚合物溶剂及其他常用数据。

本书可作为高等院校材料化学专业的本科生教材，也可供从事材料生产的技术人员及其他涉及材料化学实验领域的研究人员参考。

图书在版编目(CIP)数据

材料化学基础实验指导/廖晓玲，徐文峰主编．—北京：冶金工业出版社，2015.2

普通高等教育“十二五”规划教材

ISBN 978-7-5024-6849-1

Ⅰ.①材…　Ⅱ.①廖…　②徐…　Ⅲ.①材料科学—应用化学—化学实验—高等学校—教材　Ⅳ.①TB3-33

中国版本图书馆CIP数据核字(2015)第031882号

出 版 人　谭学余
地　　址　北京市东城区嵩祝院北巷39号　邮编　100009　电话　(010)64027926
网　　址　www.cnmip.com.cn　电子信箱　yjcbs@cnmip.com.cn
责任编辑　张熙莹　美术编辑　吕欣童　版式设计　孙跃红
责任校对　禹　蕊　责任印制　李玉山
ISBN 978-7-5024-6849-1
冶金工业出版社出版发行；各地新华书店经销；北京印刷一厂印刷
2015年2月第1版，2015年2月第1次印刷
787mm×1092mm　1/16；7.5印张；178千字；111页
25.00元

冶金工业出版社　投稿电话　(010)64027932　投稿信箱　tougao@cnmip.com.cn
冶金工业出版社营销中心　电话　(010)64044283　传真　(010)64027893
冶金书店　地址　北京市东四西大街46号(100010)　电话　(010)65289081(兼传真)
冶金工业出版社天猫旗舰店　yjgy.tmall.com

前　言

随着现代社会对创新型应用人才培养越来越重视，实验教学在人才培养模式中的作用表现得越来越突出。各高等学校都加强了实验课程的教学改革工作，整合和优化优质实验教学资源，并对实验的内容进行了革新。近年来的新教材更加注重实验与科研及生产实际应用的结合，符合现代实验教学的新要求。

自从国务院将新材料确定为战略性新兴支柱产业之一，越来越多的高校开设了金属材料、无机非金属材料、功能材料等专业。材料化学是材料科学的三大基石之一，而且材料化学的科技进步与实践密切相关，新材料的合成需要突破传统观念的束缚，反复实验才能获得。因此，材料化学实验对材料科学与材料工程学科的发展至关重要，也是提高大学生的实践技能和创新能力必不可少的实践教学环节。

材料化学实验是继材料化学之后开设的独立实验课程，是理论教学的深化和补充，也是一门重要的实验技术基础课。本教材取材于生产和科研实例，同时融入了现代新功能材料的技术方法以及编者近年来的科研成果。本教材包括三部分内容：基本操作实验、材料制备实验和综合实验。基本操作实验包括14个实验，以实验室基本操作和溶液配制为主，主要对学生进行基础化学实验操作训练，以及练习各种常用仪器的使用方法。材料制备实验包括25个实验，涉及各种常用功能材料的制备，如生物大分子、有机合成高分子、功能陶瓷、支架材料等，旨在培养学生熟悉不同材料的性能，并掌握基本的材料合成方法，逐步建立对材料科学的兴趣。综合实验包括6个实验，引入了新材料领域的前沿技术，如光刻蚀法、静电纺丝、纳米薄膜材料制备等，目的在于扩展学生知识领域，加强自主性和独立分析能力，并提高创新能力。

本书由重庆科技学院冶金与材料工程学院廖晓玲教授和徐文峰教授主编，第一部分由廖晓玲和徐文峰编写；第二部分由徐文峰、李波和杨晓玲共同编写；第三部分由李波和杨晓玲编写；全书由廖晓玲教授审定统稿，刘雪和贾碧负责校稿。每个实验都给出基本原理、实验步骤和复习思考题，以帮助读者深入理解与掌握实验内容，并有所拓展。在编写过程中，参考了国内外相关文献资料，并得到了重庆科技学院与冶金工业出版社的大力支持和帮助，在此深表感谢！

由于编者水平所限，书中疏漏之处，恳请读者批评指正。

编　者

2014 年 12 月

目　录

第一部分

基本操作实验

实验1　实验室安全教育及实验程序、规则学习

一、实验目的

（1）了解熟悉实验室安全要求及材料化学实验室学生守则。

（2）掌握课程主要内容和培养目标。

（3）掌握实验课的基本程序和操作规则。

（4）认识实验玻璃器皿及掌握基础操作。

二、实验方法

本实验分为讲授及分步指导操作。

三、实验材料

实验材料为玻璃器皿及实验室现场设备。

四、实验内容

（一）实验室安全要求

1. 安全教育

了解电、水、腐蚀及毒害药品、抹布、实验服等的危险性及重要性。

2. 材料化学实验室学生守则

实验室守则是学生实验正常进行的保证，学生在材料化学实验室必须遵守以下规则：

（1）进入实验室必须遵守实验室纪律和制度，听从老师指导与安排，不准吃东西、大声说话等。

（2）未穿实验服、未写实验预习报告者不得进入实验室进行实验。

（3）进入实验室后，要熟悉周围环境，熟悉防火及急救设备器材的使用方法和存放位

置，遵守安全规则。

(4) 实验前，清点、检查仪器，明确仪器规范操作方法及注意事项（老师会给予演示），否则不得动手操作。

(5) 使用药品时，要求明确其性质及使用方法后，据实验要求规范使用。禁止使用不明确药品或随意混合药品。

(6) 实验中，保持安静，认真操作，仔细观察，积极思考，如实记录，不得擅自离开岗位。

(7) 实验室公用物品（包括器材、药品等）用完后，应归放回原指定位置。实验废液、废物按要求放入指定收集器皿（实验前拿若干烧杯放于桌面，废液全放于一杯中）。

(8) 爱护公物，注意卫生，保持整洁，节约用水、电、气及器材。

(9) 实验完毕后，要求整理、清洁实验台面，检查水、电、气源，打扫实验室卫生。

(10) 实验记录经教师签名认可后，方可离开实验室。

（二）课程主要内容和培养目标

材料学科是从化学和其他学科交叉演变出的新兴学科，化学知识是材料学科的重要基础知识之一，而基本实验技能课程既是一门化学实验基础课程，也是材料化学实验操作练习阶段，是以后的材料化学实验的基础。所以其重要性不言而喻。

课程的授课对象是大一学生，起点低，而实验教学的总目标是培养基础扎实、知识新、素质高、能力强的创新型人才。课程中严格的基础训练，使学生在实验室中受到科学研究的初步熏陶，初步培养解决实际问题的能力，转变学习目的和方式，为培养创新型人才打下坚实的基础。

主要内容：传授简单的化学玻璃器皿操作、分离提纯方法、分析天平的使用、酸（碱）式滴定管的使用等基本操作、基本知识与技能。

培养目标：使学生学习和掌握材料化学实验基本技术，培养动手、观察和思考能力。

（三）实验基本程序及操作规则

1. 预习

实验前必须进行充分的预习和准备，并写出预习报告，做到心中有数，这是做好实验的前提。

2. 操作

应按拟定的实验操作计划与方案进行，做到：

(1) 轻。动作轻、讲话轻。

(2) 细。细心观察、细致操作。

(3) 准。试剂用量准、结果及其记录准确。

(4) 洁。使用的仪器清洁，实验桌面整洁，实验结束把实验室打扫清洁。

(5) 思。在实验全过程中，应集中注意力，独立思考解决问题。自己难以解释时可请老师解答。

3. 写实验报告

做完实验后，应解释实验现象，并作出结论，或根据实验数据进行计算和处理。实验报告主要包括：目的，原理，操作步骤及实验性质、现象，数据处理（含误差原因及分析），经验与教训，思考题回答。

（四）认识实验玻璃器皿及掌握基础操作

根据学生学习情况及实验进度，选认、选做及指导。

实验2 实验仪器与设备的认识
——实验仪器、化学玻璃器皿的认领及天平使用初步

一、实验目的

（1）领取材料化学实验常用仪器和化学玻璃器皿，熟知其名称、用途。
（2）初步了解分析天平，掌握分析天平的常规使用方法。

二、实验仪器和材料

实验仪器和材料包括酒精灯、滴定架、分析天平等实验常用仪器和化学玻璃器皿。

三、实验内容及方法

（一）实验仪器及化学玻璃器皿的认领

根据实验室的具体条件，学习认领常用材料化学实验仪器和化学玻璃器皿，熟知其名称和用途。

化学玻璃器皿包括：
（1）量器类。包括瓶、管；
（2）容器类。包括管、筒、杯、量瓶；
（3）其他特定用途类。包括冷凝器、干燥器、漏斗。

（二）分析天平操作规程

（1）检查。称量前应检查天平是否正常，是否处于水平位置，吊耳、圈码是否脱落，玻璃框内外是否清洁。

（2）调零。接通电源，轻轻地转动升降钮，开动天平，在天平不载重的情况下，检查屏幕上标尺的位置。如果零点与标尺不重合，可拨动旋钮下面的扳手，挪动光屏幕的位置使其重合；若相差较大时，则可旋动平衡螺丝（必须戴手套操作）以调节空盘零点位置。

（3）轻开：

1）开启升降旋钮（开关旋钮）时，要十分缓慢小心，不能使指针摆动太大，以防磨钝刀口，影响灵敏度；

2）一定将天平完全托住后，才能将被称物或砝码自天平盘上取、放，一定要轻放，以免损伤玛瑙刀口；

3）每次加减砝码、圈码或取放称量物时，一定要先关升降旋钮（关闭天平），加完后，再开启旋钮（开启天平）。

（4）称重：

1）称重前，应先用毛刷清理天平，有条件称重者必须戴手套。

2）每架天平都配有固定的砝码，不能错用其他天平的砝码。保持砝码清洁干燥，砝码只许用镊子夹取，绝不能用手拿，用完放回砝码盒内；砝码和被称物要尽量放在托盘中

央，机械加码时动作要轻而缓慢，勿使砝码跳出环钩。

3）必须在天平称重限度内使用天平，称量物不能超过天平负载（200g），一般不超过最高载重的2/3。称重物的温度与天平室的温度相同时，进行称重。不能称量热的物体。

4）被称物质应放在称量瓶、表面皿、坩埚或称量纸上，才可放入天平，不要把任何物质撒在天平内。

5）有腐蚀性、吸湿性和挥发性物质，必须放在密闭容器内进行称重。

6）称重时，应关闭天平箱上所有的门。

（5）读数。读数时，一定要将升降旋钮开关顺时针旋转到底，使天平完全开启；同一化学试验中的所有称量，应自始至终使用同一架天平，使用不同天平会造成误差。

（6）称量完毕归零。称重完毕核对零点，检查天平梁是否托起，砝码是否已归位，指数盘是否转到“0”，电源是否切断，边门是否关好。最后罩好天平，填写使用记录。

实验3　玻璃仪器的洗涤和干燥

一、实验目的

（1）学习常用仪器的洗涤方法。
（2）学习常用仪器的干燥方法。
（3）练习烧杯、移液管、容量瓶的洗涤操作。

二、实验仪器和材料

实验仪器和材料包括：烧杯、移液管、容量瓶、洗液、蒸馏水、去污粉。

三、实验原理

在材料化学分析工作中，洗涤玻璃仪器不仅是一项必须做的实验前准备工作，也是一项技术性工作。仪器洗涤是否符合要求，对检验结果的准确和精密度均有影响。不同的分析工作有不同的仪器洗净要求，我们以一般定量化学分析为主介绍仪器的洗涤和干燥方法。

四、实验内容

（一）洗涤剂的选择

1. 选择原则

在一般情况下，可选用市售的合成洗涤剂对玻璃仪器进行清洗。当仪器内壁附有难溶物质，用合成洗涤剂无法清洗干净时，应根据附着物的性质，选用合适的洗涤剂。如附着物为碱性物质，可选用稀盐酸或稀硫酸，使附着物发生反应而溶解；如附着物为酸性物质，可选用氢氧化钠溶液，使附着物发生反应而溶解；若附着物为不易溶于酸或碱的物质，但易溶于某些有机溶剂，则选用这类有机溶剂作洗涤剂，使附着物溶解。

久盛石灰水的容器内壁有白色附着物，选用稀盐酸作洗涤剂；做碘升华实验，盛放碘的容器底部附结了紫黑色的碘，用碘化钾溶液或酒精浸洗；久盛高锰酸钾溶液的容器壁上有黑褐色附着物，可选用浓盐酸作洗涤剂；仪器的内壁附有银镜，选用硝酸作洗涤剂；仪器的内壁沾有油垢，选用热的纯碱溶液进行清洗。

在实验室，对一些顽固污物，有专门配制的洗涤液，例如重铬酸钾溶液（可供重复使用多次）。表3-1为一些常见污物的处理方法。

表3-1　常见污物的处理方法

污　物	处理方法
可溶于水的污物、灰尘等	自来水清洗
不溶于水的污物	肥皂、合成洗涤剂
氧化性污物（如 MnO_2、铁锈等）	浓盐酸、草酸洗液

续表 3-1

污　物	处 理 方 法
油污、有机物	碱性洗液（Na_2CO_3、NaOH 等），有机溶剂、铬酸洗液，碱性高锰酸钾洗涤液
残留的 Na_2SO_4、$NaHSO_4$ 固体	用沸水使其溶解后趁热倒掉
高锰酸钾污垢	酸性草酸溶液
黏附的硫黄	用煮沸的石灰水处理
瓷研钵内的污迹	用少量食盐在研钵内研磨后倒掉，再用水洗
被有机物染色的比色皿	用体积比为 1∶2 的盐酸-酒精液处理
银迹、铜迹	硝酸
碘迹	用 KI 溶液浸泡，用温热的稀 NaOH，用 $Na_2S_2O_3$ 溶液处理

2. 洁净剂及其使用范围

最常用的洁净剂是肥皂、肥皂液（特制商品）、洗衣粉、去污粉、洗液、有机溶剂等。肥皂、肥皂液、洗衣粉、去污粉用于可以用刷子直接刷洗的仪器，如烧杯、三角瓶、试剂瓶等；洗液多用于不能或不便用刷子洗刷的仪器，如不能用刷子刷洗的计量器具有：滴定管、移液管、容量瓶等，不便用刷子刷洗的仪器有：蒸馏器等特殊形状的仪器。洗液也用于洗涤长久不用的杯皿器具和刷子刷不下的结垢。用洗液洗涤仪器是利用洗液本身与污物起化学反应的作用将污物去除，因此，需要浸泡一定的时间使其充分作用。有机溶剂是针对污物属于某种类型的油腻性，而借助有机溶剂能溶解油脂的作用洗除之，或借助某些有机溶剂能与水混合而又挥发快的特殊性，冲洗一下带水的仪器将油性污物和有机溶剂洗去。如甲苯、二甲苯、汽油等可以洗油垢，酒精、乙醚、丙酮可以冲洗刚洗净而带水的仪器。

（二）洗涤液的制备及使用注意事项

洗涤液简称洗液。根据不同的要求有各种不同的洗液。现将较常用的几种介绍如下：

（1）强酸氧化剂洗液。强酸氧化剂洗液最常用的是重铬酸钾（$K_2Cr_2O_7$）和浓硫酸（H_2SO_4）配成。$K_2Cr_2O_7$ 在酸性溶液中有很强的氧化能力，对玻璃仪器又极少有侵蚀作用。所以这种洗液在实验室内使用最广泛。

配制浓度各有不同，从 5% ~12% 的各种浓度都有。配制方法大致相同：取一定量的 $K_2Cr_2O_7$（工业品即可），先用 1 ~2 倍的水加热溶解，稍冷后，将工业品浓 H_2SO_4 所需体积数徐徐加入 $K_2Cr_2O_7$ 水溶液中（千万不能将水或溶液加入 H_2SO_4 中），边倒边用玻璃棒搅拌，并注意不要溅出，混合均匀，等冷却后，装入洗液瓶备用。新配制的洗液为红褐色，氧化能力很强。当洗液用久后变为黑绿色，即说明洗液无氧化洗涤能力。

例如，配制 12% 的洗液 500mL。取 60g 工业品 $K_2Cr_2O_7$ 置于 100mL 水中（加水量不是固定不变的，以能溶解为度），加热溶解，冷却，徐徐加入浓 H_2SO_4 340mL，边加边搅拌，冷后装瓶备用。

这种洗液在使用时要切实注意不能溅到身上，以防“烧”破衣服和损伤皮肤。洗液倒入要洗的仪器中，应使仪器周壁全浸洗后稍停一会再倒回洗液瓶。第一次用少量水冲洗刚浸洗过的仪器后，废水不要倒在水池里和下水道里，长久会腐蚀水池和下水道，应倒在废液缸中，缸满后倒在垃圾里，如果无废液缸，倒入水池时，要边倒边用大量的水冲洗。

（2）碱性洗液。碱性洗液用于洗涤有油污物的仪器，用此洗液是采用长时间（24h 以上）浸泡法，或者浸煮法。从碱洗液中捞取仪器时，要戴乳胶手套，以免烧伤皮肤。

常用的碱洗液有：碳酸钠液（Na_2CO_3，即纯碱），碳酸氢钠液（$NaHCO_3$，小苏打），磷酸钠液（Na_3PO_4，磷酸三钠），磷酸氢二钠液（Na_2HPO_4）等。

（3）碱性高锰酸钾洗液。用碱性高锰酸钾作洗液，作用缓慢，适合用于洗涤有油污的器皿。配制方法：取高锰酸钾（$KMnO_4$）4g 加少量水溶解后，再加入 10% 氢氧化钠（NaOH）100mL。

（4）纯酸、纯碱洗液。根据器皿污垢的性质，直接用浓盐酸（HCl）、浓硫酸（H_2SO_4）或浓硝酸（HNO_3）浸泡或浸煮器皿（温度不宜太高，否则浓酸挥发刺激人）。纯碱洗液多采用10%以上的浓烧碱（NaOH）、氢氧化钾（KOH）或碳酸钠（Na_2CO_3）液浸泡或浸煮器皿（可以煮沸）。

（5）有机溶剂。带有脂肪性污物的器皿，可以用汽油、甲苯、二甲苯、丙酮、酒精、三氯甲烷、乙醚等有机溶剂擦洗或浸泡。但用有机溶剂作为洗液浪费较大，能用刷子洗刷的大件仪器尽量采用碱性洗液。只有无法使用刷子的计量器具器皿，或小件、特殊形状的仪器才使用有机溶剂洗涤，如活塞内孔、移液管尖头、滴定管尖头、滴定管活塞孔、滴管、小瓶等。

（6）洗消液。为了防止对人体的侵害，检验致癌性化学物质的器皿在洗刷之前应使用对这些致癌性物质有破坏分解作用的洗消液进行浸泡，然后再进行洗涤。

在食品检验中经常使用的洗消液有：1%或5%次氯酸钠（NaClO）溶液、20% HNO_3 和2% $KMnO_4$ 溶液。

1%或5% NaClO 溶液对黄曲霉素具有破坏作用。用1% NaClO 溶液对污染的玻璃仪器浸泡半天或用5% NaClO 溶液浸泡片刻后，即可达到破坏黄曲霉素的作用。配制方法：取漂白粉100g，加水500mL，搅拌均匀，另将工业用 Na_2CO_3 80g 溶于温水500mL 中，再将两液混合，搅拌，澄清后过滤，此滤液含 NaClO 为2.5%；若用漂粉精配制，则 Na_2CO_3 的质量应加倍，所得溶液浓度约为5%。如需要1% NaClO 溶液，可将上述溶液按比例进行稀释。

（三）洗涤玻璃仪器的步骤与要求

1. 洗涤玻璃仪器的方法

洗涤玻璃仪器的方法有：

（1）冲洗法。对于尘土或可溶性污物用水来冲洗。

（2）刷洗法。内壁附有不易冲洗掉的物质，可用毛刷刷洗。

（3）药剂洗涤法。对于不溶性物、油污、有机物等污物，可用药剂来洗涤。去污粉（碱性）；Na_2CO_3 + 白土 + 细砂；铬酸洗液重铬酸钾 $K_2Cr_2O_7 + H_2SO_4$（浓）。

2. 常规玻璃仪器的洗涤操作步骤和要求

常规玻璃仪器的洗涤操作步骤为：自来水冲洗除去浮尘等脏物→刷洗（洗涤剂刷洗），或药剂洗涤→自来水冲洗3遍以上→蒸馏水或去离子水冲洗3遍以上。

洗刷仪器时，应首先将手用肥皂洗净，或带上乳胶手套，免得手上的油污附在仪器上，增加洗刷的困难。先用自来水冲去灰尘或易除去的脏物，再按要求刷洗或选用洁净剂洗刷。如用去污粉，将刷子蘸上少量去污粉，将仪器内外全刷一遍，再边用水冲边刷洗至肉眼看不见有去污粉时，用自来水洗3～6次，再用蒸馏水冲3次以上。一个洗干净的玻璃仪器，应该以挂不住水珠为度。如仍能挂住水珠，则需要重新洗涤。用蒸馏水冲洗时，要用顺壁旋转冲洗，并充分振荡，经蒸馏水冲洗后的仪器，用指示剂检查应为中性。

要求：少量多次冲洗。

对附有易去除物质的简单仪器，如试管、烧杯等，用试管刷蘸取合成洗涤剂刷洗。在转动或上下移动试管刷时，须用力适当，避免损坏仪器及划伤皮肤。然后用自来水、蒸馏水或去离子水冲洗。当倒置仪器，器壁形成一层均匀的水膜，无成滴水珠，也不成股流下时，即已洗净。

对附有难去除附着物的玻璃仪器，在使用合适的洗涤剂使附着物溶解后，去掉洗涤残液，再用试管刷刷洗，最后用自来水冲洗干净。对于一些计量器具（如容量瓶、移液管等）以及一些构造比较精细、复杂的玻璃仪器，无法用毛刷刷洗，如容量瓶、移液管等，可以用洗涤液浸泡洗涤。

3. 特殊仪器的洗涤要求

作痕量金属分析的玻璃仪器，使用1∶1～1∶9 HNO_3 溶液浸泡，然后进行常法洗涤。

进行荧光分析时，玻璃仪器应避免使用洗衣粉洗涤（因洗衣粉中含有荧光增白剂，会给分析结果带来误差）。

分析致癌物质时，应选用适当洗消液浸泡，然后再按常法洗涤。

4. 洗涤举例

限于篇幅，现以酸式滴定管为例，介绍其洗涤操作如下：洗涤开始，先检查活塞上的橡皮盘是否扣牢，防止洗涤时滑落破损；注意有无漏水或堵塞现象，若有则予以调整。关闭活塞，向滴定管中注入洗涤液2～3mL，慢慢倾斜滴定管至水平，缓慢转动滴定管，使内壁全部为洗涤液所浸到。竖起滴定管，再旋开活塞，放出洗涤液，这样使活塞的下段也能洗到。最后用自来水冲洗，同样从活塞下部的尖嘴放出，不可为节省时间将液体从上端管口倒出。洗净标准如前所述。

练习：洗涤烧杯、容量瓶、移液管各一只（支）。

（四）玻璃仪器的干燥

做实验中经常用到的玻璃仪器，应在每次实验完毕后洗净、干燥备用。用于不同实验的玻璃仪器，对干燥有着不同的要求。一般定量分析用的烧杯、锥形瓶等仪器洗净即可使用，而用于材料分析的玻璃仪器很多要求是干燥的，有的要求无水痕，有的要求无水。应根据不同要求对仪器进行干燥。

干燥方法有：

（1）晾干。不急用的玻璃仪器，可在蒸馏水冲洗后在无尘处倒置控去水分，然后自然干燥。可用安有木钉的架子或带有透气孔的玻璃柜放置玻璃仪器。

（2）烤干法。适于可加热或耐高温的仪器，如试管、烧杯等。

（3）烘干。洗净的玻璃仪器控去水分，放在烘箱内烘干，105～110℃烘1h左右。也可放在红外灯干燥箱中烘干。此法适用于一般仪器。称量瓶等在烘干后要放在干燥器中冷却和保存。带实心玻璃塞及厚壁玻璃仪器烘干时要注意慢慢升温并且温度不可过高，以免破裂。属于计量器具的玻璃仪器不可放于烘箱中烘。

硬质试管可用酒精灯加热烘干，要从底部烤起，把管口向下，以免水珠倒流把试管炸裂，烘到无水珠后把试管口向上赶净水汽。

（4）热（冷）风吹干。对于急于干燥的玻璃仪器或不适于放入烘箱的较大的玻璃仪器可用吹干的办法。通常用少量乙醇、丙酮（或最后再用乙醚）倒入已控去水分的玻璃仪器中摇洗，然后用电吹风机吹，开始用冷风吹 1 ~ 2min，当大部分溶剂挥发后吹入热风至完全干燥，再用冷风吹去残余蒸汽，不使其又冷凝在容器内。

练习：用烘干法干燥一只大烧杯，用酒精灯加热烘干法干燥一支大试管。

五、注意事项

（1）铬酸洗液有强烈的腐蚀作用并有毒，勿用手接触。

（2）凡属计量器具的玻璃器皿，一律不能采用刷洗法，以免影响其准确度。

（3）及时洗涤玻璃仪器。及时洗涤玻璃仪器有利于选择合适的洗涤剂，因为在当时容易判断残留物的性质。有些化学实验，及时倒去反应后的残液，仪器内壁不留有难去除的附着物，但搁置一段时间后，挥发性溶剂逸去，就有残留物附着在玻璃仪器内壁，使洗涤变得困难。还有一些物质，能与玻璃仪器的本身部分发生反应，若不及时洗涤将使玻璃仪器受损，甚至报废。

学生实验“中和滴定”所有的碱式滴定管，使用后搁置时间一般较长，如不及时洗涤干净，残存的碱液与玻璃管及乳胶管作用，使乳胶管变质开裂，不能使用，而且乳胶管黏附到玻璃管和玻璃尖嘴根部，很难剥离更换，这时用化学试剂除掉它，是很费力的，可以把这部分泡在热水里加热，乳胶管多数能剥离。

（4）不可盲目混用洗液。切不可盲目地将各种试剂混合作洗涤剂使用，也不可任意使用各种试剂来洗涤玻璃仪器。这样不仅浪费药品，而且容易出现危险。

某些化学实验，如氢气还原氧化铜，反应后光亮的铜有时会嵌入试管的玻璃中，即使用硝酸并加热处理，也无法洗去。遇到这样的情况，则不必浪费药剂和时间，可考虑将试管另作他用。

六、复习思考题

（1）酒精灯加热烘干试管时，为什么开始管口要略向下倾斜？

（2）容量玻璃仪器应用什么方法干燥，为什么？

实验4　玻工操作
——简单玻工操作、塞子的选择和打孔

一、实验目的

（1）了解酒精灯和酒精喷灯的构造和原理，掌握正确的使用方法。
（2）练习玻璃管（棒）的截断、弯曲、拉制和熔烧等基本操作。
（3）练习塞子钻孔的基本操作。
（4）完成玻璃棒、滴管的制作和洗瓶的装配。

二、实验仪器及试剂

实验仪器及试剂包括酒精灯、酒精喷灯、待加工玻璃棒、塞子、工业酒精。

三、实验原理

实验是依据汽化原理使酒精汽化，产生高温火焰，加热玻管。

四、实验内容及方法

（一）灯的使用

酒精灯和酒精喷灯是实验室常用的加热器具。酒精灯的温度一般可达400～500℃；酒精喷灯可达700～1000℃。

1. 酒精灯

酒精灯一般由玻璃制成。它由灯壶、灯帽和灯芯构成。酒精灯的正常火焰分为三层。内层为焰心，温度最低。中层为内焰（还原焰），由于酒精蒸气燃烧不完全，并分解为含碳的产物，所以这部分火焰具有还原性，称为“还原焰”，温度较高。外层为外焰（氧化焰），酒精蒸气完全燃烧，温度最高。进行实验时，一般都用外焰来加热。

酒精灯的使用方法为：

（1）新购置的酒精灯应首先配置灯芯。灯芯通常是用多股棉纱拧在一起或编织而成（实验室常用脱脂棉和纱布搓制而成），插在灯芯瓷套管中。灯芯不宜过短，一般浸入酒精后还要长4～5cm。对于旧灯，特别是长时间未用的酒精灯，取下灯帽后，应提起灯芯瓷套管，用洗耳球或嘴轻轻地向灯壶内吹几下以赶走其中聚集的酒精蒸气，再放下套管检查灯芯，若灯芯不齐或烧焦都应用剪刀修整为平头等长。

（2）添加酒精。酒精灯壶内的酒精少于其容积的1/2时，应及时添加酒精，不能用到少于1/3的酒精。但酒精不能装得太满，以不超过灯壶容积的2/3为宜。添加酒精时，一定要借助小漏斗，以免将酒精洒出。燃着的酒精灯，若需添加酒精时，首先必须熄灭火焰，决不允许在酒精灯燃着时添加酒精。

（3）新装的灯芯须放入灯壶内酒精中浸泡，而且将灯芯不断移动，使每段灯芯都浸透酒精，然后调好其长度，才能点燃。因为未浸过酒精的灯芯，一点燃就会烧焦。点燃酒精灯一定要用火柴点燃，决不允许用燃着的另一酒精灯对点。否则会将酒精洒出，引起火灾。

（4）加热方法。加热时，若无特殊要求，一般用温度最高的火焰（外焰与内焰交界部分）来加热器具。被加热的器具与酒精灯焰的距离可以通过铁环或垫木来调节。被加热的器具必须放在支撑物（三脚架或铁环等）上，或用坩埚钳、试管夹夹持，决不允许用手拿着玻璃仪器加热。

（5）若要使灯焰平稳，并适当提高温度，可以加一金属网罩。

（6）熄灭酒精灯。加热完毕或因添加酒精要熄灭酒精灯时，必须用灯帽盖灭，盖灭后需重复盖一次，让空气进入且让热量散发，以免冷却后盖内造成负压使盖打不开。决不允许用嘴吹灭酒精灯。

2. 酒精喷灯

酒精喷灯由灯管、空气调节器、预热盘、铜帽、酒精贮罐等组成。

酒精喷灯的使用方法为：

（1）使用酒精喷灯时，首先用捅针捅一捅酒精蒸气出口，以保证出气口畅通。

（2）借助小漏斗向酒精壶内添加酒精，酒精壶内的酒精不能装得太满，以不超过酒精壶容积（座式）的2/3为宜。

（3）往预热盘里注入一些酒精，点燃酒精使灯管受热，待酒精接近燃完且在灯管口有火焰时，上下移动调节器调节火焰为正常火焰。

（4）座式喷灯连续使用不能超过半小时，如果超过半小时，必须暂时熄灭喷灯，待冷却后，添加酒精再继续使用。

（5）用完后，用石棉网或硬质板盖灭火焰，也可以将调节器上移来熄灭火焰。若长期不用时，须将酒精壶内剩余的酒精倒出。

（6）若酒精喷灯的酒精壶底部凸起时，不能再使用，以免发生事故。

（二）玻璃加工

1. 玻璃管（棒）的截断

将玻璃管（棒）平放在桌面上，依需要的长度左手按住要切割的部位，右手用锉刀的棱边（或薄片小砂轮）在要切割的部位按一个方向（不要来回锯）用力挫出一道凹痕。挫出的凹痕应与玻璃管（棒）垂直，这样才能保证截断后的玻璃管（棒）截面是平整的。然后双手持玻璃管（棒），两拇指齐放在凹痕背面，并轻轻地由凹痕背面向外推折，同时两食指和拇指将玻璃管（棒）向两边拉，如此将玻璃管（棒）截断。如截面不平整，则不合格。

2. 熔光

切割的玻璃管（棒），其截断面的边缘很锋利容易割破皮肤、橡皮管或塞子，因此必须放在火焰中熔烧，使之平滑，这个操作称为熔光（或圆口）。

将刚切割的玻璃管（棒）的一头插入火焰中熔烧。熔烧时，角度一般为45°，并不断来回转动玻璃管（棒），直至管口变成红热平滑为止。熔光的熔烧操作，加热时间过长或过短都不好，过短，管（棒）口不平滑；过长，管径会变小。转动不匀，会使管口不圆。灼热的玻璃管（棒），应放在石棉网上冷却，切不可直接放在实验台上，以免烧焦台面，也不要用手去摸，以免烫伤。

3. 弯管（棒）

（1）烧管。先将玻璃管用小火预热一下，然后双手持玻璃管，把要弯曲的部位斜插入喷灯（或煤气灯）火焰中，以增大玻璃管的受热面积（也可在灯管上罩以鱼尾灯头扩展火焰，来增大玻璃管的受热面积），若灯焰较宽，也可将玻璃管平放于火焰中，同时缓慢而均匀地不断转动玻璃管，使之受热均匀。两手用力均等，转速缓慢一致，以免玻璃管在火焰中扭曲。加热至玻璃管发黄变软时，即可自火焰中取出，进行弯管。

（2）弯管。待玻璃管烧制变软后离开火焰，稍等一两秒钟，使各部温度均匀，用"V"字形手法（两手在上方，玻璃管的弯曲部分在两手中间的正下方）缓慢地将其弯成所需的角度。弯好后，待其冷却变硬才可撒手，将其放在石棉网上继续冷却。冷却后，应检查其角度是否准确，整个玻璃管是否处于同一个平面上。

120°以上的角度可一次弯成，但如果弯制较小角度的玻璃管或灯焰较窄玻璃管受热面积较小时，需分几次弯制（切不可一次完成，否则弯曲部分的玻璃管就会变形）。首先弯成一个较大的角度，然后在第一次受热弯曲部位稍偏左或稍偏右处进行第二次加热弯曲，如此第三次、第四次加热弯曲，直至变成所需的角度为止。

4. 制备毛细管和滴管

（1）烧管。拉细玻璃管时，加热玻璃管的方法与弯玻璃管时基本一样，不过要烧得时间长一些，玻璃管软化程度更大一些，烧至红黄色。里外均匀平滑是正确的，里外扁平为加热温度不够，里面扁平为弯时吹气不够，中间细为烧时两手外拉所致。

（2）拉管。待玻璃管烧成红黄色软化以后，取出火焰，两手顺着水平方向边拉边旋转玻璃管，拉到所需要的细度时，一手持玻璃管向下垂一会儿。冷却后，按需要长短截断，形成两个尖嘴管。如果要求细管部分具有一定的厚度，应在加热过程中当玻璃管变软后，将其轻缓向中间挤压，缩短它的长度，使管壁增厚，然后按上述方法拉细。

（3）制滴管的扩口。将未拉细的另一端玻璃管口以40°角斜插入火焰中加热，并不断转动。待管口灼烧至红热后，用金属锉刀柄斜放入管口内迅速而均匀地旋转，将其管口扩开。另一扩口的方法是待管口烧至稍软化后，将玻璃管口垂直放在石棉网上，轻轻向下按一下，将其管口扩开。冷却后，安上胶头即成滴管。

（三）实验用具的制作

1. 小试管的玻璃棒

切取18cm长的小玻璃棒，将中部置火焰上加热，拉细到直径约为1.5mm为止。冷却后用三角锉刀在细处切断，并将断处熔成小球，将玻璃棒另一端熔光，冷却，洗净后便可使用。

2. 胶头滴管

切取26cm长（内径约5mm）的玻璃管，将中部置火焰上加热，拉细玻璃管。要求玻璃管细部的内径为1.5mm，毛细管长约7cm，切断并将口熔光。把尖嘴管的另一端加热至发软，然后在石棉网上压一下，使管口外卷，冷却后，套上橡皮胶头即制成胶头滴管。

（四）塞子的选择和打孔

1. 塞子的分类

塞子与塞子钻孔容器上常用的塞子有软木塞、橡皮塞和玻璃磨口塞。软木塞易被酸或碱腐蚀，但与有机物的作用较小。橡皮塞可以把容器塞得很严密，但对装有机溶剂和强酸的容器并不适用；相反，盛碱性物质的容器常用橡皮塞。玻璃磨口塞不仅能把容器塞得紧密，且除氢氟酸和碱性物质外，可作为盛装一切液体或固体容器的塞子。

2. 塞子的选择和打孔

为了能在塞子上装置玻璃管、温度计等，塞子需预先钻孔。如果是软木塞可先经压塞机压紧，或用木板在桌子上碾压，以防钻孔时塞子开裂。

常用的钻孔器是一组直径不同的金属管。它的一端有柄，另一端很锋利，用来钻孔。另外还有一根带柄的铁条在钻孔器金属管的最内层管中，称为捅条，用来捅出钻孔时嵌入钻孔器中的橡皮或软木。

（1）塞子大小的选择。塞子的大小应与仪器的口径相适合，塞子塞进瓶口或仪器口的部分不能少于塞子本身高度的1/2，也不能多于2/3。

（2）钻孔器大小的选择。选择一个比要插入橡皮塞的玻璃管口径略粗一点的钻孔器，因为橡皮塞有弹性，孔道钻成后会由于收缩而使孔径变小。

（3）钻孔的方法。将塞子小头朝上平放在实验台上的一块垫板上（避免钻坏台面），左手用力按住塞子，不得移动，右手握住钻孔器的手柄，并在钻孔器前端涂点甘油或水。将钻孔器按在选定的位置上，沿一个方向，一面旋转一面用力向下钻动。钻孔器要垂直于塞子的面上，不能左右摆动，更不能倾斜。钻至深度约达塞子高度一半时，反方向旋转并拔出钻孔器，用带柄捅条捅出嵌入钻孔器中橡皮或软木。然后调换塞子大头，对准原孔的方位，按同样的方法钻孔，直到两端的圆孔贯穿为止。

孔钻好以后，检查孔道是否合适，如果选用的玻璃管可以毫不费力地插入塞孔里，说明塞孔太大，塞孔和玻璃管之间不够严密，塞子不能使用。若塞孔略小或不光滑，可用圆锉适当修整。

（4）玻璃导管与塞子的连接。将选定的玻璃导管插入并穿过已钻孔的塞子，一定要使所插入导管与塞孔严密套接。用布包住导管，先用右手拿住导管靠近管口的部位，并用少许甘油或水将管口润湿，然后左手拿住塞子，将导管口略插入塞子，再用柔力慢慢地将导管转动着逐渐旋转进入塞子，并穿过塞孔至所需的长度为止。如果用力过猛或手持玻璃导管离塞子太远，都有可能将玻璃导管折断，刺伤手掌。

五、复习思考题

（1）酒精灯和酒精喷灯的使用过程中，应注意哪些安全问题？

（2）在加工玻璃管时，应注意哪些安全问题？

（3）切割玻璃管（棒）时，应怎样正确操作？

（4）塞子钻孔时，应如何选择钻孔器的大小？

（5）玻璃导管与乳胶管连接操作的安全防护是什么？

实验5　试剂的取用、试管操作和分离技术

一、实验目的

（1）掌握试剂移取的原则和方法。

（2）初步掌握实验溶解加热、过滤的方法。

二、实验仪器和材料

实验仪器和材料包括固体试剂、液体试剂瓶、试管、试管夹、烧杯、酒精灯、玻璃棒、滤纸、漏斗等。

三、实验内容

（一）化学试剂的取用规则

1. 固体试剂的取用规则

（1）要用干净的药勺取用。用过的药勺必须洗净和擦干后才能再使用，以免沾污试剂。

（2）取用试剂后立即盖紧瓶盖。

（3）称量固体试剂时，必须注意不要取多，取多的药品，不能倒回原瓶。

（4）一般的固体试剂可以放在干净的纸或表面皿上称量。具有腐蚀性、强氧化性或易潮解的固体试剂不能在纸上称量，应放在玻璃容器内称量。

（5）有毒的药品要在教师的指导下处理。

2. 液体试剂的取用规则

（1）从滴瓶中取液体试剂时，要用滴瓶中的滴管，**滴管绝不能伸入所用的容器中**，以免接触器壁而沾污药品。从试剂瓶中取少量液体试剂时，则需要专用滴管。装有药品的滴管不得横置或滴管口向上斜放，以免液体滴入滴管的胶皮帽中。

（2）从细口瓶中取出液体试剂时，用倾注法。先将瓶塞取下，反放在桌面上，手握住试剂瓶上贴标签的一面，逐渐倾斜瓶子，让试剂沿着洁净的试管壁流入试管或沿着洁净的玻璃棒注入烧杯中。取出所需量后，将试剂瓶扣在容器上靠一下，再逐渐竖起瓶子，以免遗留在瓶口的液体滴流到瓶的外壁。

（3）在试管里进行某些不需要准确体积的实验时，可以估计取出液体的量。例如用滴管取用液体时，1cm 相当于多少滴，5cm 液体占一个试管容器的几分之几等。倒入试管里的溶液的量，一般不超过其容积的1/3。

（4）定量取用液体时，用量筒或移液管取。量筒用于量度一定体积的液体，可根据需要选用不同量度的量筒。

3. 药品的移取易错点

药品的取用易错点及正确方法：

（1）易错点：1）取粉末状药品，由于药匙大，加药品时不能深入容器内致使洒落或黏附容器内壁，而不知用V形纸槽代替药匙送药品入容器内。2）倾倒液体药品时，试剂瓶口没紧挨接受器口致使药品外流，标签没向着手心，造成标签被腐蚀。

（2）正确方法：1）取用粉末状或细粒状固体，通常用药匙或纸槽。操作时，做到"一送、二竖、三弹"，即药品平送入试管底部，试管竖直起来，手指轻弹药匙柄或纸槽使药品全部落入试管底。2）取用块状或大颗粒状固体常用镊子，操作要领是"一横、二放、三慢竖"。即向试管里加块状药品时，应先把试管横放，把药品放入试管口后，再把试管慢慢地竖起来，使药品沿着管壁缓缓滑到试管底部。3）使用细口瓶倾倒液体药品，操作要领是"一放、二向、三挨、四流"。即先拿下试剂瓶塞倒放在桌面上，然后拿起瓶子，**瓶上标签向着手心**，瓶口紧挨着试管口，让液体沿试管内壁慢慢地流入试管底部。

试管的握持易错点及正确方法：

（1）易错点：用手一把抓或将无名指和小指伸展开；位置靠上或靠下。

（2）正确方法："**三指握两指拳**"。即大拇指、食指、中指握住试管，无名指和小指握成拳，和拿毛笔写字有点相似。手指握在试管中上部。

胶头滴管的使用易错点及正确方法：

（1）易错点：中指与无名指没夹住橡皮胶头和玻璃管的连接处；将滴管尖嘴伸入接受器口内。

（2）正确方法：夹持时：用无名指和中指夹持在橡皮胶头和玻璃管的连接处，不能用拇指和食指（或中指）夹持，这样可防止胶头脱落。吸液时：先用大拇指和食指挤压橡皮胶头，赶走滴管中的空气后，再将玻璃尖嘴伸入试剂液中，放开拇指和食指，液体试剂便被吸入，然后将滴管提起。禁止在试剂内挤压胶头，以免试剂被空气污染而含杂质。吸完液体后，胶头必须向上，不能平放，更不能使玻璃尖嘴的开口向上，以免胶头被腐蚀；也不能把吸完液体后的滴管放在实验桌上，以免沾污滴管。

振荡盛有液体的试管时的易错点及正确方法：

（1）易错点：手握试管中部或中下部抖动。

（2）正确方法：手指应"**三指握两指拳**"，握持试管中上部，这样留出试管中下部便于观察试管内部的实验现象。振荡试管时，用手腕力量摆动，手臂不摇，试管底部划弧线运动，使管内溶液发生振荡，不可上下颠，以防液体溅出。

量筒的使用易错点及正确方法：

（1）易错点：手拿着量筒读数；读数时有的俯视，有的仰视；有的不能依据需量取液体体积选择合适量程的量筒；液体加多了，又用滴管向外吸。

（2）正确方法：使用量筒时应根据需量取的液体体积，选用能一次量取的最小规格的量筒。操作要领是：量液体，筒平稳；口挨口，免外流；改滴加，至刻度；读数时，视线与液面最低处保持水平。若不慎加入液体的量超过刻度，应手持量筒倒出少量于指定容器中，再用滴管滴至刻度处。

（二）溶解、结晶、固液分离

1. 固体的溶解

溶解固体时，常用加热、搅拌等方法加快溶解速度。当固体物质溶解于溶剂时，如固体颗粒太大，可在研钵中研细。对一些溶解度随温度升高而增加的物质来说，加热对溶解过程有利。搅拌可加速溶质的扩散，从而加快溶解速度。搅拌时注意手持玻棒，轻轻转动，使玻璃棒不要触及容器底部及器壁。在试管中溶解固体时，可用振荡试管的方法加速溶解，振荡时不能上下，也不能用手指堵住管口来回振荡。

加热的几种常用方法：直接（石棉网）加热和间接加热（水、油、沙浴）。

2. 结晶

（1）蒸发（浓缩）。当溶液很稀而所制备的物质的溶解度又较大时，为了能从中析出该物质的晶体，必须通过加热，使水分不断蒸发，溶液不断浓缩。蒸发到一定程度时冷却，就可析出晶体。当物质的溶解度较大时，必须蒸发到溶液表面出现晶膜时才停止。当物质的溶解度较小或高温时溶解度较大而室温时溶解度较小，此时不必蒸发到液面出现晶膜就可冷却。蒸发是在蒸发皿中进行，蒸发的面积较大，有利于快速浓缩。若无机物对热是稳定的，可以直接加热（应先预热），否则用水浴间接加热。

（2）结晶与重结晶。大多数物质的溶液蒸发到一定浓度下冷却，就会析出溶质的晶体。析出晶体的颗粒大小与结晶条件有关。如果溶液的浓度较高，溶质在水中的溶解度随温度下降而显著减小时，冷却得越快，那么析出的晶体就越细小，否则就得到较大颗粒的结晶。搅拌溶液和静止溶液，可以得到不同的效果，前者有利于细小晶体的生成；后者有利于大晶体的生成。

如溶液容易发生过饱和现象，可以用搅拌、摩擦器壁或投入几粒晶体（晶核）等办法，使其形成结晶中心，过量的溶质便会全部析出。

如果第一次结晶所得物质的纯度不合要求，可进行重结晶。其方法是在加热情况下使纯化的物质溶于一定量的水中，形成饱和溶液，趁热过滤，除去不溶性杂质，然后使滤液冷却，被纯化物质即结晶析出，而杂质则留在母液中，过滤便得到较纯净的物质。若一次重结晶达不到要求，可再次结晶。重结晶是提纯固体物质常用的方法之一，它适用于溶解度随温度有显著变化的化合物，对于其溶解度受温度影响很小的化合物则不适用。

3. 固-液分离及沉淀洗涤

溶液与沉淀的分离方法有三种：倾析法、过滤法、离心分离法。

（1）倾析法。当沉淀的密度或重结晶的颗粒较大，静止后能很快沉降至容器的底部时，常用倾析法进行分离和洗涤。将沉淀上部的溶液倾入另一容器中而使沉淀与溶液分离。如需洗涤沉淀时，只要向盛沉淀的容器内加入少量洗涤液，将沉淀和洗涤液充分搅拌均匀，待沉淀沉降到容器的底部后，再用倾析法倾去溶液。如此反复操作两三次，即能将沉淀洗净。为了把沉淀转移到滤纸上，先用洗涤液将沉淀搅起，将悬浮液立即按上述方法转移到滤纸上，这样大部分沉淀就可从烧杯中移走，然后用洗瓶冲洗杯壁和玻璃棒上的沉淀，将沉淀留在滤纸上，再行转移。

（2）过滤法。过滤法是固-液分离较常用的方法之一。溶液和沉淀的混合物通过过滤器（如滤纸）时，沉淀留在滤纸上，溶液则通过过滤器，过滤后所得到的溶液称为滤液。溶液的黏度、温度、过滤时的压力及沉淀物的性质、状态、过滤器孔径大小都会影响过滤速度。热溶液比冷溶液容易过滤。溶液的黏度越大，过滤越慢。减压过滤比常压过滤快。如果沉淀呈胶体状态，不易穿过一般过滤器（滤纸），应先设法将胶体破坏（如用加热法）。总之，要考虑各个方面的因素来选择不同的过滤方法。

常用的过滤方法有常压过滤、减压过滤和热过滤三种。

1）常压过滤。先把一圆形或方形滤纸对折两次成扇形，展开后呈锥形，恰能与60°角的漏斗相密合。如果漏斗的角度大于或小于60°，应适当改变滤纸折成的角度使之与漏斗相密合。然后在三层滤纸的那边将外两层撕去一小角，用食指把滤纸按在漏斗内壁上，用少量蒸馏水润湿滤纸，再用玻璃棒轻压滤纸四周，赶去滤纸与漏斗壁间的气泡，使滤纸紧贴在漏斗壁上。滤纸边缘应略低于漏斗边缘。过滤时一定要注意以下几点：漏斗要放在漏斗架上，要调整漏斗架的高度，以使漏斗管的尖嘴端紧靠接受器烧杯的尖嘴内壁（要求漏斗管的中下部分长度紧贴）。先倾倒溶液，后转移沉淀，转移时应使用搅棒。倾倒溶液时，搅棒接触在三层滤纸处，漏斗中的液面应略低于滤纸边缘。如果沉淀需要洗涤，应待溶液转移完毕，将上方清液倒入漏斗。如此重复洗涤两三遍，最后把沉淀转移到滤纸上。

2）减压过滤（简称"抽滤"）。减压过滤可缩短过滤时间，并可把沉淀抽得比较干燥，但它不适用于胶状沉淀和颗粒太细的沉淀的过滤。利用水泵中急速的水流不断将空气带走，从而使吸滤瓶内的压力减小，在布氏漏斗内的液面与吸滤瓶之间造成一个压力差，提高了过滤的速度。在连接水泵的橡皮管和吸滤瓶之间安装一个安全瓶，用以防止因关闭水阀或水泵后流速的改变引起自来水倒吸，进入吸滤瓶将滤液沾污并冲稀。

4. 溶解分离操作易错点

溶解食盐时搅拌操作的易错点及正确方法：

（1）易错点：1）溶解食盐使用玻璃棒搅拌过程中碰撞容器壁的叮当之声；2）玻璃棒在液体中上部搅拌。

（2）正确方法：操作时将烧杯平放在桌面上，先加入固体食盐，然后加入适量水，拿住玻璃棒一端的1/3处，玻璃棒另一端伸至烧杯内液体的中部或沿烧杯内壁交替按顺时针和逆时针方向做圆周运动，速率不可太快，用力不可大，玻璃棒不能碰撞烧杯内壁发出碰撞之声。

过滤操作的易错点及正确方法：

（1）易错点：滤纸与漏斗壁之间留有气泡，影响过滤速度；手持玻璃棒的位置太靠上或太靠下；玻璃棒下端靠在滤纸上时：一是没轻靠在滤纸的三层部位，二是用力过大致使漏斗倾斜；盛放待过滤液的烧坏的尖嘴部位靠在了玻璃棒的中部甚至中上部。

（2）正确方法：将滤纸贴在漏斗壁上时，应用手指压住滤纸，用水润湿，使滤纸紧贴在漏斗壁上，赶走滤纸和漏斗壁之间的气泡，以利于提高过滤速度。过滤操作要求做到"一贴二低三靠"。一贴：滤纸紧贴漏斗壁。二低：滤纸上沿低于漏斗口，溶液液面低于滤纸上沿。三靠：漏斗颈下端紧靠承接滤液的烧杯内壁，引流的玻璃棒下端轻靠滤纸三层一侧；盛待过滤的烧杯的嘴部靠在玻璃棒的中下部。手应持玻璃棒中上部。

为便于记忆起见，过滤操作中的要领可概括为：一角、一搅、一静置、二低、三接触。

（1）一角：是指滤纸折叠时的角度要与漏斗的角度相一致。这样折叠的滤纸才能紧贴漏斗的内壁，这样才能保证过滤的速率快。

（2）一搅：将混合物倒入水中以后，用玻璃棒搅拌，可以加快其中可溶性物质的溶解速率。

（3）一静置：待可溶性物质完全溶解后，不要立即就进行过滤，要静置片刻。目的是使不溶性物质的颗粒先沉淀出一部分，这样做可以减少或防止不溶性物质将滤纸上的微小孔隙堵塞，从而加快过滤的速率。

(4) 二低：指的是滤纸的边缘要稍低于漏斗的边缘；在整个过滤过程中还要始终注意到滤液的液面要低于滤纸的边缘。否则的话，被过滤的液体会从滤纸与漏斗之间的间隙流下，直接流到漏斗下边的接受器中，这样未经过滤的液体与滤液混在一起，而使滤液浑浊，没有达到过滤的目的。

(5) 三接触：一是指盛有待过滤的液体倒入漏斗中时，要使盛有待过滤液体的烧杯的烧杯嘴与倾斜的玻璃棒相接触。二是指玻璃棒的下端要与滤纸为三层的那一边相接触。三是指漏斗的颈部要与接收滤液的接受器的内壁相接触。

实验6　天平的使用及称量技术

一、实验目的

（1）熟练掌握托盘天平的使用方法。

（2）学习分析天平的构造和工作原理。

（3）学会分析天平调整和用直接法称量样品。

二、实验原理

在学习分析天平的构造和工作原理的基础上，进一步学习分析天平的使用和调整。

三、实验仪器和材料

实验仪器和材料包括称量瓶、分析天平、称量纸、石英砂。

四、实验内容和步骤

（一）天平的构造及工作原理

1. 托盘天平

托盘天平是实验室粗称药品和物品不可缺少的称量仪器，其最大称量（最小准称量）为1000g(1g)、500g(0.5g)、200g(0.2g)、100g(0.1g)。

托盘天平构造：通常横梁架在底座上，横梁中部有指针与刻度盘相对，据指针在刻度盘上左右摆动情况，判断天平是否平衡，并有一秤盘，用来放置试样（左）和砝码(右)。

2. 分析天平

分析天平常见的一类是无光学读数装置的空气阻尼天平，也称普通标牌天平；另一类是具有光学读数装置的等臂、不等臂电光天平，也称为微分标牌天平。其称量加砝码方式又分为全自动机械加码和半自动机械码两种。

TG328B 型等臂电光分析天平如图 6-1 所示。

分析天平的结构大致如下：

（1）横梁。梁的中间及两端装有 3 个三棱形的玛瑙刀，梁中间的刀口向下，称支点刀。在梁两边，距支点刀等距离处各装一块，刀口向上，称承重刀。三刀口须处同一水平线上。梁两边对称孔内各装有调节天平平衡用螺母一个。梁中部（或上部）有重心螺母一个，用于调节天平重心。

（2）立柱。空心立柱是横梁支点，柱上装有可升降的托梁架，天平不用时托起天平梁，使三刀口脱离接触。

（3）悬挂系统。

1）吊耳。吊耳位重刀接触，悬吊起称盘。圈码承重片附加于右侧吊耳之上。

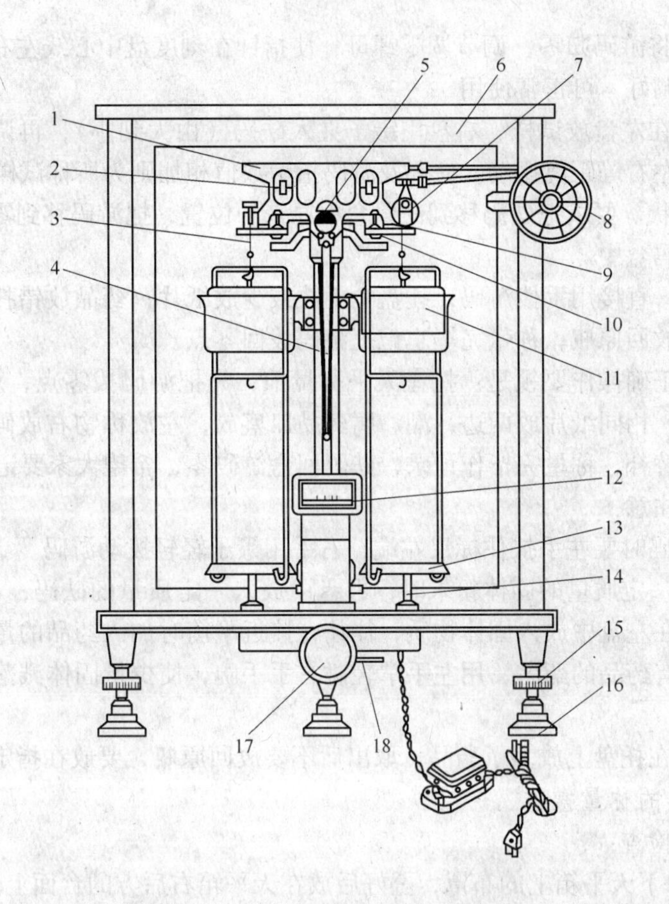

图 6-1　TG328B 型等臂电光分析天平

1—横梁；2—平衡陀；3—吊耳；4—指针；5—支点刀；6—框罩；7—圈形砝码；
8—指数盘；9—支力销；10—折叶；11—阻尼内筒；12—投影；13—秤盘；
14—盘托；15—螺旋脚；16—垫脚；17—升降旋钮；18—投影屏调节杆

2）秤盘。供放置砝码或称量物用，称量时悬挂于吊耳钩上。

3）阻尼器。由内、外筒组成，外筒固定于支架上，内筒悬挂于吊耳钩上，置于外筒之中。开启时，内筒与吊耳、秤盘同步移动。由于两筒内空气阻尼作用，使天平很快达平衡状态。

（4）电源。电源接通，天平处工作状态。反之天平处于停运行状态。

（5）光学读数系统。横梁的指针下端装有缩微标尺，工作时电源打开，标尺放大，再反射投影于光屏上。若标尺投影零刻度线与光屏上中垂线重合，则天平处于平衡位置。

（6）自加码系统。直接向天平梁上加 10 ~ 990mg 的圈码及其他砝码。

（7）天平箱。天平箱用于保护天平不受外界干扰，用于称量物质用。箱底部有三只支承脚，前边两脚可调动，供调节天平水平用，天平立柱上端固定有水平泡一只，供观察天平的水平状态。

（二）实验步骤

1. 托盘天平的称量操作

托盘天平的称量操作如下：

(1) 调零。将游码归零，调节调零螺母，使指针在刻度盘中心线左右等距离摆动，表示天平的零点已调好，可正常使用。

(2) 称量。在左盘放试样，右盘用镊子夹入砝码（由大到小），再调游码，直至指针在刻度盘中心线左右等距离摆动。砝码及游码指示数值相加则为所称试样质量。

(3) 恢复原状。要求把砝码移到砝码盒中原来的位置，把游码移到零刻度，把夹取砝码的镊子放到砝码盒中。

操作易错点：直接用手拨游码；托盘上不放或少放纸片；药品放错托盘；在托盘上放多了药品取出又放回原瓶；称量完毕忘记把游码拨回零点。

正确方法：正确操作要领是：托盘天平称量前，先把游码拨零点，观察天平是否平；不平应把螺母旋；相同纸片放两边，潮、腐药品皿盛放，左放称物右放码，镊子先夹质量大；最后游码来替补，称量完毕作记录，砝码回盒游码零，希望大家要记住。

使用时还应注意：

(1) 移动游码时要左手扶住标尺左端，右手用镊子轻轻拨动游码。

(2) 若称取一定质量的固体粉末时，右盘中放入一定质量的砝码，不足用游码补充。质量确定好后，在左盘中放入固体物质，往往在接近平衡时加入药品的量难以掌握，这时应用右手握持盛有药品的药匙，用左手掌轻碰右手手腕，使少量固体溅落在左盘里逐渐达到平衡。

(3) 若不慎在托盘上放多了药品，取出后不要放回原瓶，要放在指定容器中。

2. 分析天平的称量操作

(1) 预备和检查：

1) 称量前取下天平箱上的布罩，叠好后放在天平箱右后方的台面上。

2) 称量操作人应面对天平端坐，记录本放在胸前的台面上。砝码盒放在天平箱的右侧，接受和存放称量物的器皿放在天平箱的左侧。

3) 检查砝码是否齐全，放置的位置是否正确。检查砝码盒内是否有移取砝码的镊子。检查圈码是否齐全，是否挂在相应的圈码钩上，圈码读数盘的读数是否在零位。

4) 检查天平梁和吊耳的位置是否正常，检查天平是否处于休止状态。检查天平是否处于水平位置。如不水平，可调节天平箱前下脚的两个螺丝，使气泡水准器中的气泡位于正中（要求学生会调节水平）。

5) 天平盘上如有粉尘或其他落入的物质可用软毛刷轻轻扫净。

(2) 天平零点的调节。零点是指未载重的天平处于平衡状态时指针所指的标尺刻度。检查天平后，端坐于天平前面，沿顺时针方向轻轻转动旋钮（即打开天平），使天平梁放下，待指针稳定后，若微分标牌的“0”刻度与投影屏上的标线不重合，当位差较小时，可拨动天平箱底板下的拨杆使其重合；若位差较大时，在教师指导下，先调节天平梁上的平衡螺丝，再调节拨杆使其重合。然后沿反时针方向轻轻旋转旋钮，将天平梁托起（即关上天平）。此时天平的零点已调节为“0”。

(3) 直接称量法：

1) 从教师处领取一个洁净的表面皿，记下其编号。先用托盘天平粗称，记录其质量（保留一位小数），再用分析天平准确称量。调节好分析天平的零点并关上天平后，把表面皿放在天平左盘的中央，向天平右盘添加粗称时质量的砝码。

2）慢慢沿顺时针方向转动旋钮（初始应半开天平，防止天平梁倾斜度太大，损坏天平），若微分标尺向右移动得很快，则说明右盘重（微分标尺总是向重盘方向移动），关上天平后减少右盘中的砝码（用圈码读数盘减少）0.1g。

3）再慢慢打开天平，判断并加减砝码（加减砝码前切记先关上天平），直至微分标尺稳定地停在0~10mg间（此时，天平应打开到最大位置）。

4）当天平达到平衡后，读取砝码（整数）、圈码（小数点后第一、二两位小数）和投影屏上（小数点后第三、四位小数）的质量，复核后关上天平做好记录。

称量要领：砝码选取从大到小，折半加入，逐步逼近法。

五、注意事项

（1）不得用天平称量热的物品。

（2）药品不得直接放在天平盘中称量，须用容器或称量纸放置后称量。

（3）砝码不得用手移动，必须用镊子夹取移动。

（4）分析天平使用时要特别注意保护玛瑙刀口。

（5）取放称量物，加减砝码之前必须先关上天平。平衡读数后应及时关上天平，以缩短玛瑙刀口工作时间，延长分析天平使用寿命。

实验7　电子天平的使用及分析天平减量称量法

一、实验目的

（1）学习电子天平的构造和使用方法。

（2）学会用分析天平减量法称量样品。

二、实验仪器和材料

实验仪器和材料包括电子天平、分析天平、石英砂、称量瓶、纸条。

三、实验内容

（一）电子天平

1. 原理

电子天平称量是依据电磁力平衡原理。称量通过支架连杆与一线圈相连，该线圈置于固定的永久磁铁——磁钢之中，当线圈通电时自身产生的电磁力与磁钢磁力作用，产生向上的作用力。该力与称盘中称量物的向下重力达平衡时，此线圈通入的电流与该物重力成正比。其线圈上电流大小的自动控制与计量是通过该天平的位移传感器、调节器及放大器实现。当盘内物重变化时，与盘相连的支架连杆带动线圈同步下移，位移传感器将此信号检出并传递，经调节器和电流放大器调节线圈电流大小，使其产生向上之力推动称盘及称量物恢复原位置为止，重新达线圈电磁力与物重力平衡，此时的电流可计量物重。

2. 称量校正

电子天平是物质计量中唯一可自动测量、显示甚至可自动记录、打印结果的天平。其最大称量与精度与前述分析天平相同，最高读数精度可达 ±0.01mg，实用性很宽。但应注意其称量原理是电磁力与物质的重力相平衡，即直接检出值是 mg 而非物质质量 m。故该天平使用时，要根据使用地的纬度、海拔高度随时校正其 g 值，方可获取准确的质量数。常量或半微量电子天平一般内部配有标准砝码和质量的校正装置，经随时校正后的电子天平可获取准确的质量读数。

3. 电子天平的称量操作

（1）称量前取下防尘布罩，叠好后放在电子天平右后方的台面上。

（2）电子天平初次连接到交流电源后，或者在断电相当长时间以后，必须使天平预热最少 30min。只有经过充分预热以后，天平才能达到所需的工作温度。

（3）检查天平是否水平。若不水平，需调整水平地脚螺丝，直到气泡位于水平仪上圆圈的中央。

（4）开启天平后，把容器放到天平上，启动天平的除皮功能。

（5）把样品放入天平上的容器里进行称量，并读数记录样品的质量（或打印数据）。

（6）使用完天平后，关好天平，取下称量物和容器。检查天平上下是否清洁，若有脏物，用毛刷清扫干净。罩好防尘布罩，切断电源，填写天平使用登记簿后方可离开天平室。

（二）减量称量法

练习要求：用减量称量法称取3份试样，每份0.2～0.3g。

练习步骤：

（1）粗称。用叠好的纸带（一般宽1.5cm，长15cm）拿取洗净烘干的带盖称量瓶一只。用托盘天平粗称（保留一位小数）。然后，用纸带打开称量瓶盖子（盖子打开后仍放在托盘天平左盘上），加0.9g砝码于托盘天平右盘上。用小药勺取石英砂固体，分数次加入称量瓶中，直至托盘天平正好达到平衡态，此时已粗称0.9g于称量瓶中。盖好称量瓶盖子，读取砝码质量，复核后做好记录（保留一位小数）。

（2）称量总重。调好分析天平的零点并关上天平后，用纸带将称量瓶（内装样）放在分析天平的左盘中央，在分析天平右盘加上粗称时的质量的砝码，然后慢慢打开天平（初始应半开天平），判断并加减砝码（加减砝码前首先关上天平），直至天平达到平衡态，微分标尺稳定地停在0～10mg间（此时，天平应打开到最大位置）。读取砝码、圈码和投影屏上的质量，复核后关上天平并做好记录W_1（保留四位小数）。

（3）分次称量。用纸带将称量瓶取出，左手用纸带操作称量瓶，右手用纸带操作称量瓶的盖子。把250mL烧杯放在台面上，将称量瓶移到烧杯口上部适宜位置，用盖子轻轻敲击倾斜着的称量瓶上口，使称量物（石英砂）慢慢落入烧杯中。估计倾倒出0.2～0.3g试样后，将称量瓶竖直，仍在烧杯口上部，用称量瓶盖子敲击称量瓶上口，使称量瓶边沿的试样全部落入称量瓶中。然后把称量瓶放回到天平左盘的中央，把右盘的圈码由读数盘减少0.23g，再重新调节天平的平衡点。若称量物重于右盘中的砝码，则应再次倾倒试样于烧杯中，直至天平达到平衡态，微分标尺稳定地停在0～10mg间（天平应开到最大），此时倒入烧杯中的试样质量在0.2～0.3g间。读取砝码、圈码和投影屏上的质量，复核后关上天平并做好记录W_2（保留四位小数）。此时已称量出第一份试样的质量G_1，即$G_1 = W_1 - W_2$。

（4）重复称量。用相同方法反复操作，可称量出第二份试样的质量G_2和第三份试样的质量G_3，即$G_2 = W_2 - W_3$，$G_3 = W_3 - W_4$。

（5）整理天平和善后工作。使用完分析天平后，关上天平，取出称量物和砝码，使圈码读数盘恢复到零位置。检查天平内外是否清洁，若有脏物，用毛刷清扫干净。关好天平门，罩好天平箱的布罩，切断电源，将坐凳放回原位，填写天平使用登记簿后方可离开天平室。

（6）数据记录与处理，见表7-1。

表7-1　天平的称量练习记录

记录项目	称量物质量/g	试样质量/g
表面皿粗称	10.2	
表面皿准确称	10.3278	
（瓶+样）粗称	12.5	
（瓶+样）准确称	$W_1 = 12.5527$	

续表 7-1

记录项目	称量物质量/g	试样质量/g
倒出第一份试样后	$W_2 = 12.3001$	$G_1 = 0.2526$
倒出第二份试样后	$W_3 = 12.0325$	$G_2 = 0.2676$
倒出第三份试样后	$W_4 = 11.7824$	$G_3 = 0.2501$

四、复习思考题

（1）什么情况下用直接称量法，什么情况下用减量称量法？

（2）使用分析天平时为什么强调轻开轻关天平旋钮？为什么必须先关天平，方可取放称量物和加减砝码，否则会引起什么后果？

（3）用减量法称取试样，若称量瓶内的试样吸湿，将对称量结果造成什么误差？若试样倾倒入烧杯内以后再吸湿，对称量是否有影响？

实验8　溶液的配制

一、实验目的

(1) 巩固固体试剂的溶解、试剂的移取操作。

(2) 巩固滴管、量杯（筒）的使用。

(3) 学习容量瓶的使用。

(4) 学习溶液的配制：一算二取三溶四洗五稀六定容七标签。

二、实验仪器和材料

实验仪器和材料包括容量瓶、烧杯、玻璃棒、药勺、滴瓶、量杯（筒）、研钵等。

三、实验内容

(一) 一定浓度溶液的配制

1. 溶液的配制方法

配制一定浓度的溶液有直接和间接法，采取何种方法应根据溶质的性质而定。

对于某些易于提纯而稳定不变的物质，如草酸（$H_2C_2O_4 \cdot 2H_2O$）、碳酸钠（Na_2CO_3）等，可以精确称取其质量，并通过容量瓶等容器直接配制成所需一定体积的精确浓度的溶液。对于某些不易提纯或在空气中不够稳定的物质，如氢氧化钠（NaOH）或市售的浓酸溶液，如硫酸（H_2SO_4）、盐酸（HCl）等，可先配制成近似浓度的溶液，然后用基准物质或已知精确浓度的溶液（即**标准溶液**）来测定其浓度。

2. 溶液浓度的测定

滴定是常用的测定溶液浓度的方法，使用滴定管将标准溶液滴加到待测溶液中（也可以反过来加），直到化学反应完全时，即到达“**化学计量点**”，两者物质的量恰好符合化学方程式的计量关系。根据标准溶液的浓度和所消耗的体积，算出待测溶液的浓度。反应终点是靠指示剂来确定的。指示剂能在“计量点”附近发生颜色的变化。如用 H_2SO_4 溶液滴定 Na_2CO_3 溶液时，可用甲基橙作指示剂，当 H_2SO_4 与 Na_2CO_3 完全作用时，溶液由黄色变为橙红色，即为反应终点。在滴定分析中，用标准溶液滴定被测溶液，反应物间是按化学计量关系相互作用的。例如：

$$H_2SO_4 + Na_2CO_3 = Na_2SO_4 + H_2CO_3$$

当滴定达到“化学计量点”时，即 H_2SO_4 与 Na_2CO_3 完全反应时，物质的量（n）之比应为反应方程式中计量系数之比。我们将在以后课程中专门学习。

练习：(1) 配制10% NaCl 溶液。

(2) 配制1∶3 的硫酸溶液。

（二）容量瓶的使用

一般的容量瓶都是"量入"式的，瓶上标有"E"字样❶，是用来配制一定体积溶液用的。在标明的温度下，当液体充满到标线时，瓶内液体的体积恰好与瓶上标出的体积相同。另一种"量出"式的容量瓶，上面标有"A"字样❶，当液体充满到标线后，按一定方法倒出溶液，其体积与瓶上标出的体积相同。用后一种容量瓶取溶液比量筒准确，但仍不适用于精确的分析工作。

容量瓶的使用步骤如下：

（1）容量瓶使用前应先检查：瓶塞是否漏水，标线位置距离瓶口是否太近，如果漏水或标线距离瓶口太近，则不宜使用。检查的方法是：加自来水至标线附近，盖好瓶塞后，一手用食指按住塞子，拇指和中指拿住瓶颈标线以上部分，无名指和小指握住，顶在瓶颈后；另一手用指尖托住瓶底边缘（见图8-1），倒立两分钟。如不漏水，将瓶直立，将瓶塞旋转180°后，再倒过来试一次。在使用中，不可将扁头的玻璃磨口塞放在桌面上，以免沾污和搞错。操作时，可用一手的食指及中指（或中指及无名指）夹住瓶塞的扁头（见图8-2），当操作结束时，随手将瓶盖盖上。也可用橡皮圈或细绳将瓶塞系在瓶颈上，细绳应稍短于瓶颈。操作时，瓶塞系在瓶颈上，尽量不要碰到瓶颈，操作结束后立即将瓶塞盖好。在后一种做法中，特别要注意避免瓶颈外壁对瓶塞的沾污。如果是平顶的塑料盖子，则可将盖子倒放在桌面上。

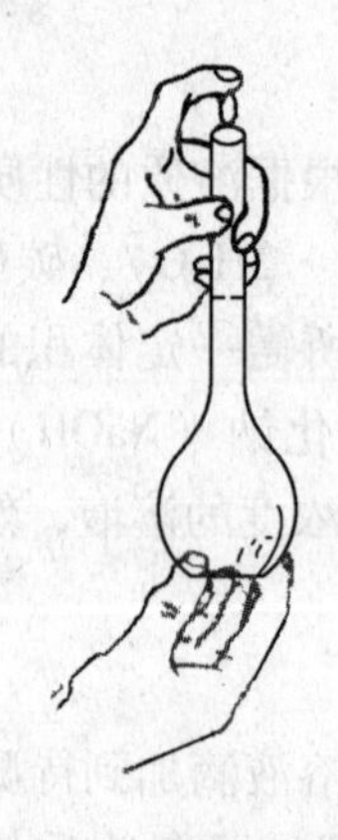

图8-1　漏水检查

图8-2　盖子的拿法

（2）洗涤容量瓶时，先用自来水洗几次，倒出水后，内壁如不挂水珠，即可用蒸馏水洗好备用。否则就必须用洗液洗涤。先尽量倒去瓶内残留的水，再倒入适量洗液（250mL容量瓶，倒入10～20mL洗液已足够），倾斜转动容量瓶，使洗液布满内壁，同时将洗液慢慢倒回原瓶。然后用自来水充分洗涤容量瓶及瓶塞，每次洗涤应充分振荡，并尽量使残留的水流尽。最后用蒸馏水洗三次。应根据容量瓶的大小决定用水量，如250mL容量瓶，第一次约用30mL，第二、第三次约用20mL蒸馏水。

（3）用容量瓶配制溶液时，最常用的方法是将待溶固体称出置于小烧杯中，加水或其他溶剂将固体溶解，然后将溶液定量转移入容量瓶中。定量转移时，烧杯口应紧靠伸入容

❶我国近年来规定用"In"表示"量入"；用"Ex"表示量出。

量瓶的搅拌棒（其上部不要碰瓶口，下端靠着瓶颈内壁），使溶液沿玻璃棒和内壁流入（见图8-3）。溶液全部转移后，将玻璃棒和烧杯稍微向上提起，同时使烧杯直立，再将玻璃棒放回烧杯。注意勿使溶液流至烧杯外壁而受损失。用洗瓶吹洗玻璃棒和烧杯内壁，如前将洗涤液转移至容量瓶中，如此重复多次，完成定量转移。当加水至容量瓶的1/2左右时，用右手食指和中指夹住瓶塞的扁头，将容量瓶拿起，按水平方向旋转几周，使溶液大体混匀。继续加水至距离标线约1cm处，等1～2min；使附在瓶颈内壁的溶液流下后，再用细而长的滴管加水（注意勿使滴管接触溶液）至弯月面下缘与标线相切（也可用洗瓶加水至标线，在一般情况下，当稀释时不慎超过了标线，就应弃去重做。如果仅有的独份试样在稀释时超过标线，可这样处理：在瓶颈上标出液面所在的位置，然后将溶液混匀。当容量瓶用完后，先加水至标线，再从滴定管加水到容量瓶中使液面上升到标出的位置。根据从滴定管中流出的水的体积和容量瓶原刻度标出的体积即可得到溶液的实际体积）。无论溶液有无颜色，一律按照这个标准。即使溶液颜色比较深，但最后所加的水位于溶液最上层，而尚未与有色溶液混匀，所以弯月下缘仍然非常清楚，不会有碍观察。盖上干的瓶塞。用一只手的食指按住瓶塞上部，其余四指拿住瓶颈标线以上部分。用另一只手的指尖托住瓶底边缘（见图8-1），将容量瓶倒转，使气泡上升到顶，此时将瓶振荡数次，正立后，再次倒转过来进行振荡。如此反复多次，将溶液混匀。最后放正容量瓶，打开瓶塞，使瓶塞周围的溶液流下，重新塞好塞子后，再倒转振荡1～2次，使溶液全部混匀。

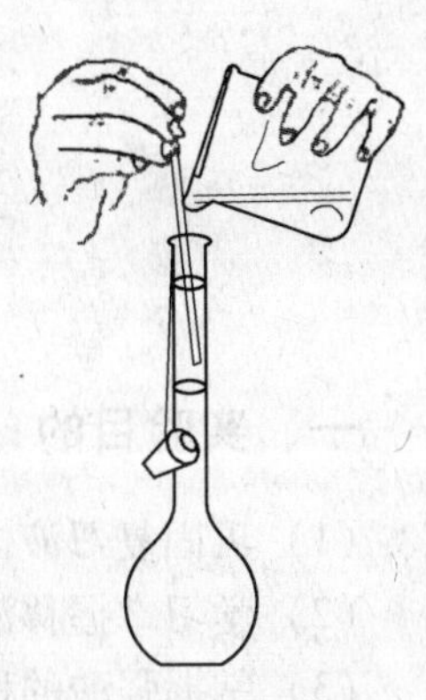

图8-3　溶液转移

（4）若用容量瓶稀释溶液，则用移液管移取一定体积的溶液，放入容量瓶后，稀释至标线，混匀。

（5）配好的溶液如需保存，应转移至磨口试剂瓶中。试剂瓶要用此溶液润洗三次，以免将溶液稀释。不要将容量瓶当做试剂瓶使用。容量瓶用毕后应立即用水冲洗干净。长期不用时，磨口处应洗净擦干，并用纸片将磨口隔开。容量瓶不得在烘箱中烘烤，也不能用其他任何方法进行加热。

实验9 移液管的使用及训练

一、实验目的

（1）巩固复习液体溶质的试剂配制。

（2）学习掌握移液管的使用。

（3）掌握强酸的稀释操作。

二、实验仪器及试剂

实验仪器及试剂包括浓硫酸、甲醛、移液管、容量瓶、烧杯、锥形瓶。

三、实验内容

移液管是用来准确移取一定体积的溶液的。在标明的温度下，先使溶液的弯月面下缘与移液管标线相切，再让溶液按一定方法自由流出，则流出的溶液的体积与管上所标明的体积相同（实际上流出溶液的体积与标明的体积会稍有差别。使用时的温度与标定移液管移液体积时的温度不一定相同，必要时可作校正）。吸量管一般只用于量取小体积的溶液，其上带有分度，可以用来吸取不同体积的溶液。但用吸量管吸取溶液的准确度不如移液管。上面所指的溶液均以水为溶剂，若为非水溶剂，则体积稍有不同。

移液操作步骤如下：

（1）使用前，移液管和吸量管都应该洗净，使整个内壁和下部的外壁不挂水珠，为此，可先用自来水冲洗一次，再用铬酸洗液洗涤。以左手持洗耳球，将食指或拇指放在洗耳球的上方，右手拇指、食指和中指拿住移液管或吸量管管颈标线以上的地方，将洗耳球紧接在移液管口上（见图9-1）。管尖贴在吸水纸上，用洗耳球打气，吹去残留水。然后排除耳球中空气，将移液管插入洗液瓶中，左手拇指或食指慢慢放松，洗液缓缓吸入移液管球部或吸量管约1/4处。移去洗耳球，再用右手食指按住管口，把管横过来，左手扶助管的下端，慢慢开启右手食指，一边转动移液管，一边使管口降低，让洗液布满全管。洗液从上口放回原瓶，然后用自来水充分冲洗，再用洗耳球吸取蒸馏水，将整个内壁洗三次，洗涤方法同前。但洗过的水应从下口放出。每次用水量：移液管以液面上升到球部或吸量管全长约1/5为度。也可用洗瓶从上口进行吹洗，最后用洗瓶吹洗管的下部外壁。

（2）移取溶液前，必须用吸水纸将尖端内外的水除去，然后用待吸溶液洗三次。方法是：将待吸溶液吸至球部（尽量勿使溶液流回，以免稀释溶液）。以后的操作，按铬酸洗液洗涤移液管的方法进行，但用过的溶液应从下口放出弃去。

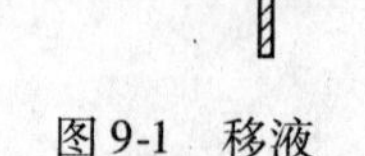

图9-1 移液

（3）移取溶液时，将移液管直接插入待吸溶液液面下1～2cm深处，不要伸入太浅，以免液面下降后造成吸空；也不要伸入太深，以免移液管外壁附有过多的溶液。移液时将洗耳球紧接在移液管口上，并注意容器液面和移液管尖的位置，应使移液管随液面下降而下降，当液面上升至标线以上时，迅速移去洗耳球，并用右手食指按住管口，左手改拿盛待吸液的容器。将移液管向上提，使其离开液面，并将管的下部伸入溶液的部分沿待吸液容器内壁转两圈，以除去管外壁上的溶液。然后使容器倾斜成约45°，其内壁与移液管尖紧贴，移液管垂直，此时微微松动右手食指，使液面缓慢下降，直到视线平视时弯月面与标线相切时，立即按紧食指。左手改拿接受溶液的容器。将接受容器倾斜，使内壁紧贴移液管尖成45°倾斜。松开右手食指，使溶液自由地沿壁流下（见图9-2）。待液面下降到管尖后，再等15s取出移液管。注意，除非特别注明需要“吹”的以外，管尖最后留有的少量溶液不能吹入接受器中，因为在检定移液管体积时，就没有把这部分溶液算进去。

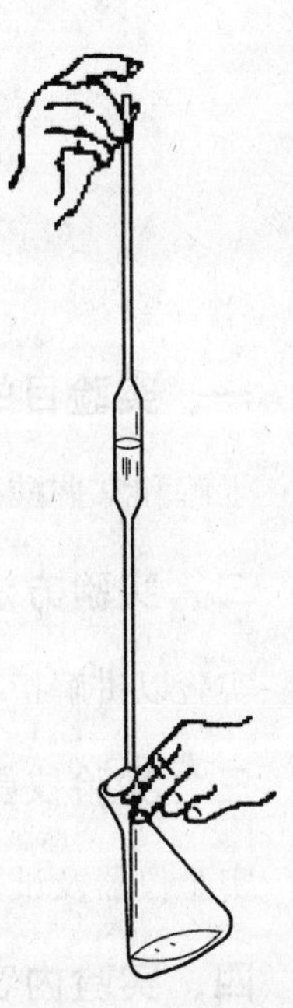
图9-2　放溶液

（4）用吸量管吸取溶液时，吸取溶液和调节液面至最上端标线的操作与移液管相同。放溶液时，用食指控制管口，使液面慢慢下降至与所需的刻度相切时按住管口，移去接受器。若吸量管的分度刻到管尖，管上标有“吹”字，并且需要从最上面的标线放至管尖时，则在溶液流到管尖后，立即从管口轻轻吹一下即可。还有一种吸量管，分度刻在离管尖尚差1～2cm处。使用这种吸量管时，应注意不要使液面降到刻度以下。在同一实验中应尽可能使用同一根吸量管的同一段，并且尽可能使用上面部分，而不用末端收缩部分。

（5）移液管和吸量管用完后应放在移液管架上。如短时间内不再用它吸取同一溶液时，应立即用自来水冲洗，再用蒸馏水清洗，然后放在移液管架上。

四、复习思考题

（1）写出配制5%的浓硫酸溶液的操作步骤。

（2）写出配制1%的尿素（碳酰胺）溶液的操作步骤。

（3）比较（1）、（2）题中移液管在哪些步骤中使用。

实验10 滴定管的使用及训练

一、实验目的

了解和掌握酸碱滴定管的使用方法。

二、实验方法

实验以讲解指导、操作练习为主；注重：检、涂、洗、润、装、排、滴、摇、读。

三、实验仪器及试剂

实验仪器及试剂包括碱式滴定管、酸式滴定管、蒸馏水、烧杯、锥形瓶。

四、实验内容

（一）酸式滴定管的准备

酸式滴定管（酸管）是滴定分析中经常使用的一种滴定管。除了强碱溶液外，其他溶液作为滴定液时一般均采用酸管。

使用前，首先应检查活塞与活塞套是否配合紧密，如不密合将会出现漏水现象，则不宜使用。其次，应进行充分的清洗。根据沾污的程度，采用下列方法：

（1）用自来水冲洗。

（2）用滴定管刷（特制的软毛刷）蘸合成洗涤剂刷洗，但铁丝部分不得碰到管壁（如用泡沫塑料刷代替毛刷更好）。

（3）用前法不能洗净时，可用铬酸洗液洗。为此，加入5～10mL洗液，边转动边将滴定管放平，并将滴定管口对着洗液瓶口，以防洗液洒出。洗净后，将一部分洗液从管口放回原瓶，最后打开活塞将剩余的洗液从出口管放回原瓶，必要时可加满洗液进行浸泡。

（4）可根据具体情况采用针对性洗液进行洗涤，如管内壁残留二氧化锰时，可应用草酸、亚铁盐溶液或过氧化氢加酸溶液进行洗涤。用各种洗涤剂清洗后，都必须用自来水充分洗净，并将管外壁擦干，以便观察内壁是否挂水珠。

为了使活塞转动灵活并克服漏水现象，需将活塞涂油（如凡士林油或真空活塞脂）。操作方法如下：

（1）取下活塞小头处的小橡皮圈，再取出活塞。

（2）用吸水纸将活塞和活塞套擦干，并注意勿使滴定管内壁的水再次进入活塞套（将滴定管平放在实验台面上）。

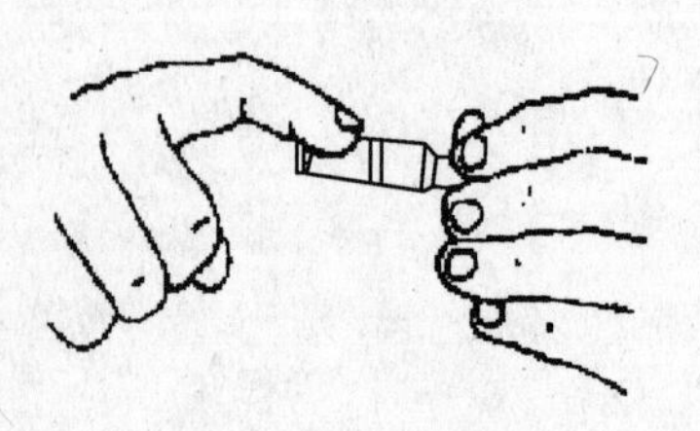

图10-1 活塞涂油

（3）用手指将油脂涂抹在活塞的两头或用手指把油脂涂在活塞的大头和活塞套小口的内侧（见图10-1）。油脂涂得要适当。涂得太少，活塞转动不灵活，且易漏水；涂得太多，活塞孔容易被堵塞。油脂绝对不能涂在活塞孔的上下两侧，以免旋转时堵住活塞孔。

(4) 将活塞插入活塞套中。插入时，活塞孔应与滴定管平行，径直插入活塞套，不要转动活塞，这样避免将油脂挤到活塞孔中。然后向同一方向旋转活塞，直到活塞和活塞套上的油脂层全部透明为止。套上小橡皮圈。经上述处理后，活塞应转动灵活，油脂层没有纹络。

用自来水充满滴定管，将其放在滴定管架上垂直静置约2min，观察有无水滴漏下。然后将活塞旋转180°，再如前检查，如果漏水，应重新涂油。若出口管尖被油脂堵塞，可将它插入热水中温热片刻，然后打开活塞，使管内的水突然流下，将软化的油脂冲出。油脂排除后，即可关闭活塞。

管内的自来水从管口倒出，出口管内的水从活塞下端放出（注意，从管口将水倒出时，务必不要打开活塞，否则活塞上的油脂会冲入滴定管，使内壁重新被沾污）。然后用蒸馏水洗三次。第一次用10mL左右，第二次及第三次各5mL左右。洗时，双手拿滴定管身两端无刻度处，边转动边倾斜滴定管，使水布满全管并轻轻振荡。然后直立，打开活塞将水放掉，同时冲洗出口管。也可将大部分水从管口倒出，再将余下的水从出口管放出。每次放掉水时应尽量不使水残留在管内。最后，将管的外壁擦干。

（二）碱式滴定管的准备

碱式滴定管（碱管）使用前应检查乳胶管和玻璃珠是否完好。若胶管已老化，玻璃珠过大（不易操作）或过小（漏水），应予更换。

碱管的洗涤方法和酸管相同。在需要用洗液洗涤时，可除去乳胶管，用塑料乳头堵住碱管下口进行洗涤。如必须用洗液浸泡，则将碱管倒夹在滴定管架上，管口插入洗液瓶中，乳胶管处连接抽气泵，用手捏玻璃珠处的乳胶管，吸取洗液，直到充满全管但不接触乳胶管，然后放开手，任其浸泡。浸泡完毕，轻轻捏乳胶管将洗液缓慢放出。

在用自来水冲洗或用蒸馏水清洗碱管时，应特别注意玻璃珠下方死角处的清洗。为此，在捏乳胶管时应不断改变方位，使玻璃珠的四周都洗到。

（三）操作溶液的装入

装入操作溶液前，应将试剂瓶中的溶液摇匀，使凝结在瓶内壁上的水珠混入溶液，这在天气比较热、室温变化较大时更为必要。混匀后将操作溶液直接倒入滴定管中，不得用其他容器（如烧杯、漏斗等）来转移。此时，左手前三指持滴定管上部无刻度处，并可稍微倾斜，右手拿住细口瓶往滴定管中倒溶液。小瓶可以手握瓶身（瓶签向手心），大瓶则仍放在桌上，手拿瓶颈使瓶慢慢倾斜，让溶液慢慢沿滴定管内壁流下。

用摇匀的操作溶液将滴定管洗三次（第一次10mL，大部分可由上口放出，第二、第三次各5mL，可以从出口放出，洗法同前）。应特别注意的是，一定要使操作溶液洗遍全部内壁，并使溶液接触管壁1～2min，以便与原来残留的溶液混合均匀。每次都要打开活塞冲洗出口管，并尽量放出残留液。对于碱管，仍应注意玻璃球下方的洗涤。最后，将操作溶液倒入，直到充满至零刻度以上为止。

注意检查滴定管的出口管是否充满溶液，酸管出口管及活塞透明，容易看出（有时活塞孔暗藏着的气泡，需要从出口管快速放出溶液时才能看见），碱管则需对光检查乳胶管内及出口管内是否有气泡或有未充满的地方。为使溶液充满出口管，在使用酸管时，右手拿滴定管上部无刻度处，并使滴定管倾斜约30°，左手迅速打开活塞使溶液冲出（下面用烧杯承接溶液，或到水池边使溶液放到水池中），这时出口管中应不再留有气泡。若气泡仍未能排出，可重复上述操作。如仍不能使溶液充满，可能是出口管未洗净，必须重洗。在使用碱管时，装满溶液后，右手拿滴定管上部无刻度处稍倾斜，左手拇指和食指拿住玻璃珠所在的位置并使乳胶管向上弯曲，出口管斜向上，然后在玻璃珠部位往一旁轻轻捏橡皮管，使溶液从出口管喷出（见图10-2），下面用烧杯接溶液，同酸管排气泡，再一边捏乳胶管一边将乳胶管放直，注意当乳胶管放直后，再松开拇指和食指，否则出口管仍会有气泡。最后，将滴定管的外壁擦干。

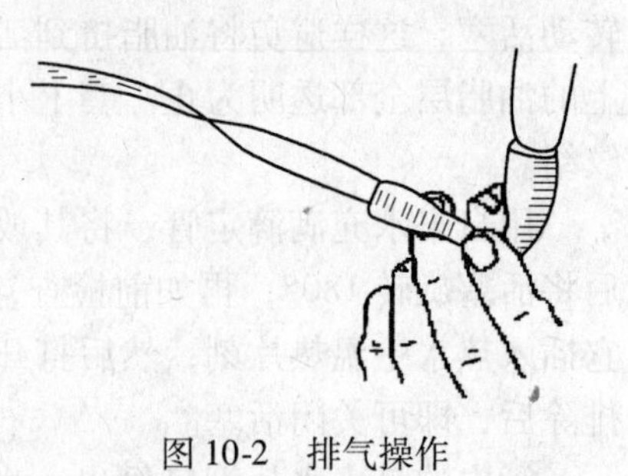

图10-2　排气操作

（四）滴定管的读数

读数时应遵循下列原则：

（1）装满或放出溶液后，必须等1～2min，使附着在内壁的溶液流下来，再进行读数。如果放出溶液的速度较慢（例如，滴定到最后阶段，每次只加半滴溶液时），等0.5～1min即可读数。每次读数前要检查一下管壁是否挂水珠，管尖是否有气泡。

（2）读数时，滴定管可以夹在滴定管架上，也可以用手拿滴定管上部无刻度处。不管用哪一种方法读数，均应使滴定管保持垂直。

（3）对于无色或浅色溶液，应读取弯月面下缘最低点，读数时，视线在弯月面下缘最低点处，且与液面成水平（见图10-3）；溶液颜色太深时，可读液面两侧的最高点。此时，视线应与该点成水平。注意初读数与终读数采用同一标准。

（4）必须读到小数点后第二位，即要求估计到0.01mL。注意，估计读数时，应该考虑到刻度线本身的宽度。

（5）为了便于读数，可在滴定管后衬一黑白两色的读数卡。读数时，将读数卡衬在滴定管背后，使黑色部分在弯月面下1mm左右，弯月面的反射层即全部成为黑色（见图10-4）。读此黑色弯月下缘的最低点。但对深色溶液而需读两侧最高点时，可以用白色卡为背景。

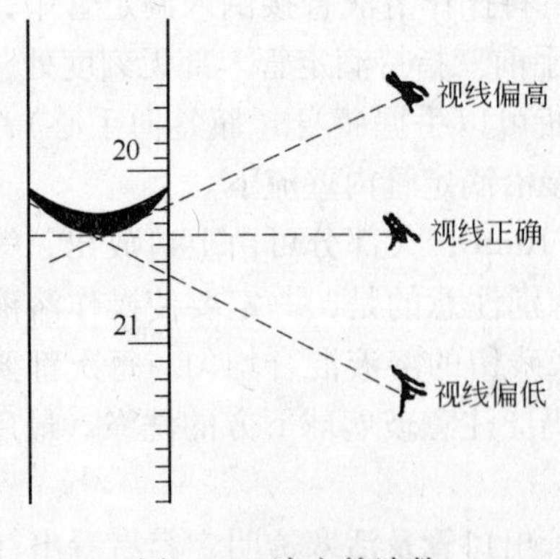

图10-3　滴定管读数

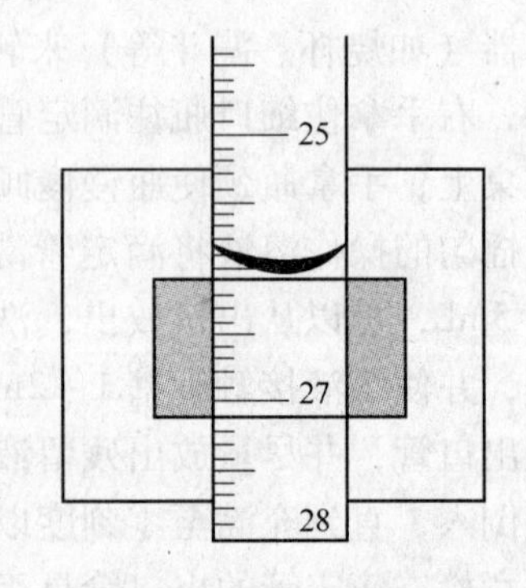

图10-4　读数卡使用

（6）若为乳白板蓝线衬背滴定管，应当取蓝线上下两尖端相对点的位置读数。

（7）读取初读数前，应将管尖悬挂着的溶液除去。滴定至终点时应立即关闭活塞，并注意不要使滴定管中的溶液有稍许流出，否则终读数便包括流出的半滴液。因此，在读取终读数前，应注意检查出口管尖是否悬挂溶液，如有，则此次读数不能取用。

（五）滴定管的操作方法

进行滴定时，应将滴定管垂直地夹在滴定管架上。如使用的是酸管，左手无名指和小手指向手心弯曲，轻轻地贴着出口管，用其余三指控制活塞的转动（见图 10-5）。但应注意不要向外拉活塞以免推出活塞造成漏水；也不要过分往里扣，以免造成活塞转动困难，不能操作自如。

如使用的是碱管，左手无名指及小手指夹住出口管，拇指与食指在玻璃珠所在部位往一旁（左右均可）捏乳胶管，使溶液从玻璃珠旁空隙处流出（见图 10-6）。

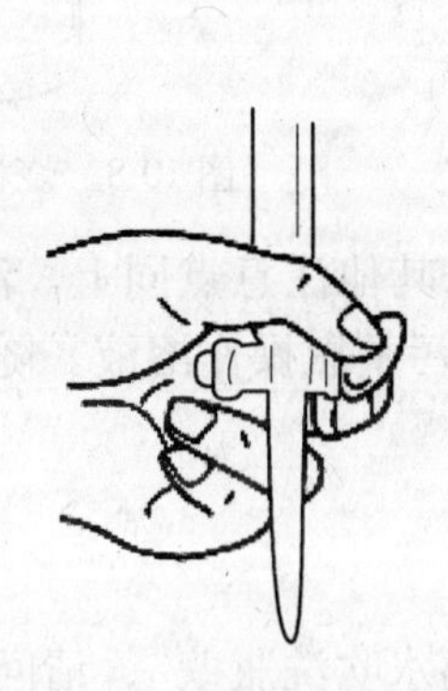

图 10-5　酸管活塞操作

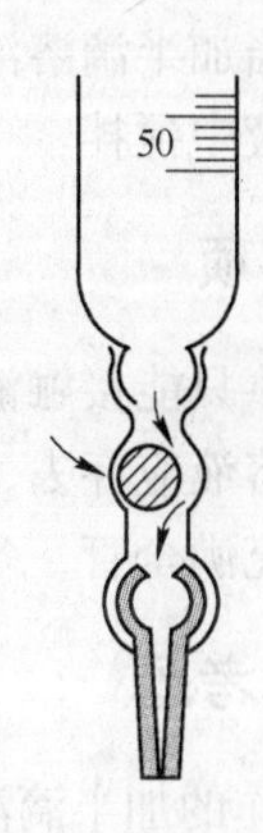

图 10-6　碱管操作

注意：（1）不要用力捏玻璃珠，也不能使玻璃珠上下移动；（2）不要捏到玻璃珠下部的乳胶管；（3）停止滴定时，应先松开拇指和食指，最后再松开无名指和小指。

无论使用哪种滴定管，都必须掌握下面三种加液方法：（1）逐滴连续滴加；（2）只加一滴；（3）使液滴悬而未落，即加半滴。

（六）滴定操作

滴定操作可在锥形瓶和烧杯内进行，并以白瓷板作背景。

在锥形瓶中滴定时，用右手前三指拿住锥形瓶瓶颈，使瓶底离瓷板 2 ~ 3cm。同时调节滴管的高度，使滴定管的下端伸入瓶口 1cm。左手按前述方法滴加溶液，右手运用腕力摇动锥形瓶，边滴加溶液边摇动（见图 10-7）。滴定操作中应注意以下几点：

（1）摇瓶时，应使溶液向同一方向做圆周运动（左右旋转均可），但勿使瓶口接触滴定管，溶液也不得溅出。

（2）滴定时，左手不能离开活塞任其自流。

（3）注意观察溶液落点周围溶液颜色的变化。

（4）开始时，应边摇边滴，滴定速度可稍快，但不能流成“水线”。接近终点时，应改为加一滴，摇几下。最后，每加半滴溶液就摇动锥形瓶，直至溶液出现明显的颜色变化。加半滴溶液的方法如

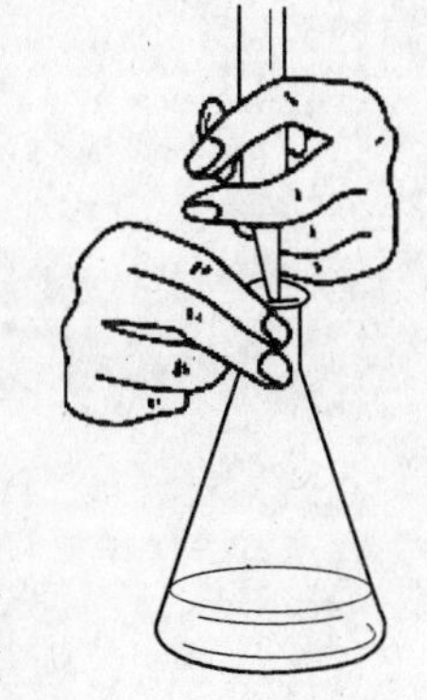

图 10-7　滴定操作

下：微微转动活塞，使溶液悬挂在出口管嘴上，形成半滴，用锥形瓶内壁将其沾落，再用洗瓶以少量蒸馏水吹洗瓶壁。用碱管滴加半滴溶液时，应先松开拇指和食指，将悬挂的半滴溶液沾在锥形瓶内壁上，再放开无名指与小指。这样可以避免出口管尖出现气泡，使读数造成误差。

（5）每次滴定最好都从“0.00”开始（或从零附近的某一固定刻度线开始），这样可以减小误差。在烧杯中进行滴定时，将烧杯放在白瓷板上，调节滴定管的高度，使滴定管下端伸入烧杯内 1cm 左右。滴定管下端应位于烧杯中心的左后方，但不要靠壁过近。右手持搅拌棒在右前方搅拌溶液。在左手滴加溶液的同时（见图 10-8），搅拌棒应做圆周搅动，但不得接触烧杯壁和底。当加半滴溶液时，用搅拌棒下端承接悬挂的半滴溶液，放入溶液中搅拌。

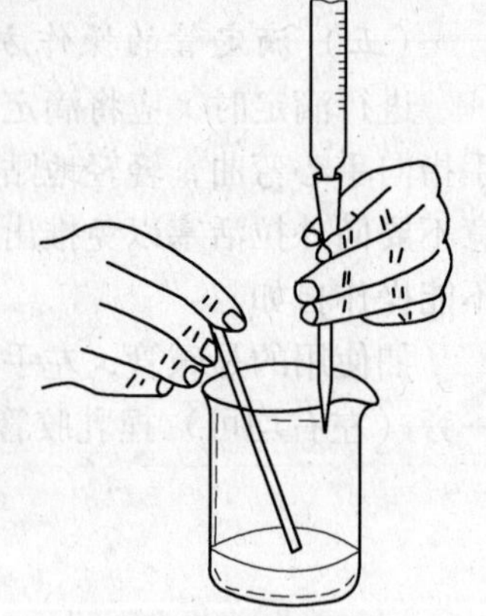

图 10-8　烧杯中滴定

五、注意事项

注意，搅拌棒只能接触液滴，不能接触滴定管管尖。其他注意点同上。滴定结束后，滴定管内剩余的溶液应弃去，不得将其倒回原瓶，以免沾污整瓶操作溶液。随即洗净滴定管，并用蒸馏水充满全管，备用。

六、复习思考题

（1）滴定操作的加半滴溶液，需用“洗瓶以少量蒸馏水吹洗瓶壁”，请问会影响滴定结果吗？

实验11　酸碱中和滴定操作——溶液的标定

一、实验目的

（1）使学生理解酸碱中和滴定的原理。

（2）使学生初步了解酸碱中和滴定的操作方法。

（3）使学生掌握有关酸碱中和滴定的简单计算。

二、实验仪器及试剂

实验仪器及试剂包括酸式滴定管、碱式滴定管、锥形瓶、烧杯、短玻棒、氢氧化钠、盐酸、硫酸。

三、实验原理

酸碱中和滴定是用已知物质的量浓度的酸（或碱）来测定未知物质的量浓度的碱（或酸）的方法。原理：在中和反应中使用一种已知浓度的酸（或碱）溶液来测定未知浓度的碱（或酸）溶液完全中和，测出二者所用的体积，根据化学方程式中酸碱的物质的量比，求出未知溶液的物质的量浓度。

四、实验内容

（一）理论部分

（1）酸碱中和反应的实质是离子反应。

（2）酸碱中和滴定的计算依据是化学方程式。

（3）酸碱中和滴定完成时，指示剂颜色的突变情况与盐类水解有关。

第一，酸碱中和反应的实质，即 $H^+ + OH^- = H_2O$；

第二，酸碱中和滴定的计量依据和计算，即酸和碱起反应的物质的量之比等于它们的化学计量数之比。具体地讲，就是会应用并能应用化学关系式进行有关酸碱中和滴定的计算；

由于酸、碱发生中和反应时，反应物间按一定的物质的量之比进行，基于此，用滴定的方法确定未知酸或碱的浓度。

对于反应：　HA　+　$BOH = BA$　+　H_2O

　　　　　　1mol　　　1mol

　　　　　　$C_{(HA)} \cdot V_{(HA)}$　　$C_{(BOH)} \cdot V_{(BOH)}$

其中　$C_{(HA)}$——HA 溶液的浓度，mol/L；

　　　$V_{(HA)}$——HA 溶液的体积，mL；

　　　$C_{(BOH)}$——BOH 溶液的浓度，mol/L；

　　　$V_{(BOH)}$——BOH 溶液的体积，mL。

即可得：

$$C_{(HA)} \cdot V_{(HA)} = C_{(BOH)} \cdot V_{(BOH)}$$

$$C_{(HA)} = \frac{C_{(BOH)} \cdot V_{(BOH)}}{V_{(HA)}}$$

若取一定量的 HA 溶液（$V_{定}$），用标准液 BOH（已知准确浓度 $C_{(标)}$）来滴定，至终点时消耗标准液的体积可读出（$V_{读}$）代入上式即可计算得 $C_{(HA)}$

$$C_{(HA)} = \frac{C_{标} V_{读}}{V_{定}}$$

若酸滴定碱，与此同理。

若酸为多元酸，

$$\begin{array}{cccc} H_nA & + \quad nBOH & = B_nA & + \quad nH_2O \\ 1mol & nmol & & \\ C_{(HA)} \cdot V_{(HA)} & C_{(BOH)} \cdot V_{(BOH)} & & \end{array}$$

则有关系式：

$$C_{(HA)} = \frac{C_{(BOH)} \cdot V_{(HA)}}{nV_{(HB)}}$$

即可求出未知溶液的浓度。

第三，用指示剂准确判断中和反应是否恰好进行完全。

（1）酸和碱恰好完全中和，溶液不一定呈中性，由生成的盐性质而定。

（2）由于所用指示剂变色范围的限制，滴定至终点不一定是恰好完全反应时，但应尽量减少误差。

（二）操作实验练习

1. 练习内容

练习内容包括滴定的整个操作过程，如滴定管的润洗、加液、去气泡、滴定、滴定终点的判断、读数等，以及实验数据的处理。

2. 滴定方法的关键

（1）准确测定两种反应物的溶液体积，滴定管中液体读数时精确到 0.01mL。

（2）确保标准液、待测液浓度的准确，一般需滴定 2～3 次，取其平均值。

（3）滴定终点的准确判定（包括指示剂的合理选用）。

五、练习与思考

计算表 11-1 表格中数值并滴定浓度。

表 11-1　中和滴定练习表

溶　质	溶质的物质的量浓度/$mol \cdot L^{-1}$	溶液的体积/mL	溶质的物质的量/mol	溶质的质量/g
HCl			0.15	5.475
NaOH		240		1.8
H_2SO_4	0.25		0.05	
KOH		180		4.6

实验 12　蒸馏、回流装置的安装

一、实验目的

了解和掌握蒸馏装置和回流装置的安装。

二、实验仪器和材料

实验仪器和材料包括冷凝管、烧瓶、酒精灯、铁架台、石棉网、温度计、橡皮塞、打孔器。

三、实验原理

蒸馏是分离不同沸点液态物质或可挥发物质的一种常用方法。回流是分离提取法中常用的一种提取物质的方法。

四、实验内容

（一）蒸馏装置的安装

按图 12-1，安装蒸馏装置。注意各部位的连接和气密性检查。蒸馏分：加热、冷凝、接收、测温四部分。

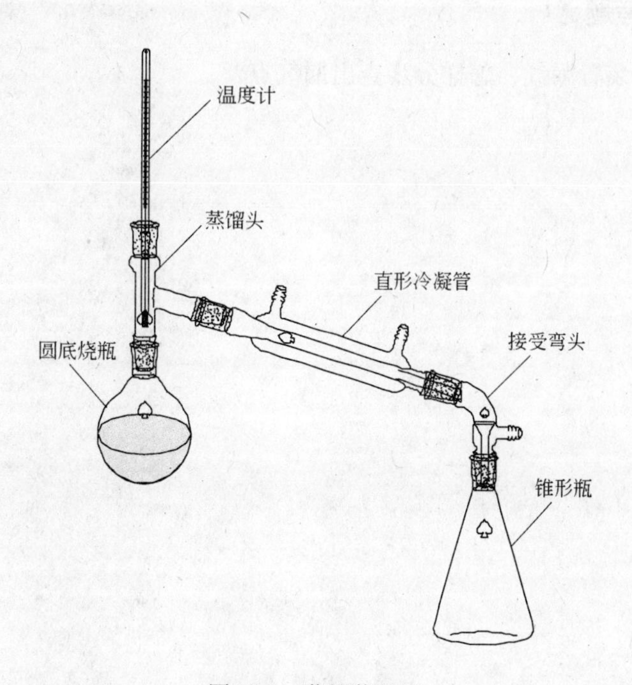

图 12-1　蒸馏装置图

（二）回流装置的安装

按图 12-2 安装回流装置。回流装置分加热、冷凝两部分，装置的上口有接收排气管。

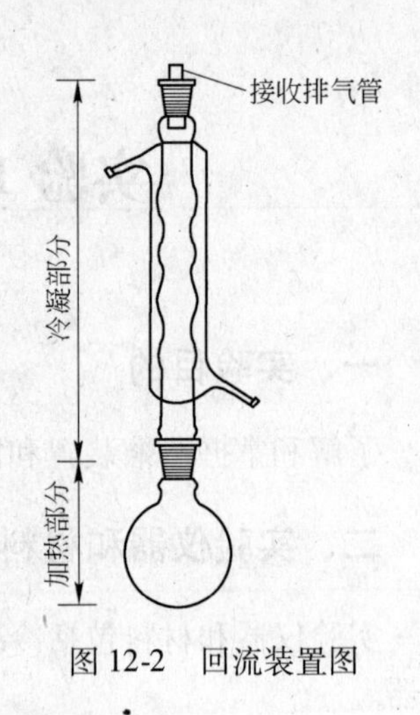

图 12-2　回流装置图

（三）操作易错点

1. 仪器的连接操作

易错点：把玻璃管使劲往橡皮塞或胶皮管中按；拆的时候使劲拉；手握弯管处使劲用力将管折断，手被刺破。

正确方法：左手持口大的仪器，右手握在靠近待插入仪器的那部分，先将其润湿，然后稍稍用力转动，使其插入。将橡皮塞塞进试管口时，应慢慢转动塞子使其塞紧。塞子大小以塞进管口的部分为塞子的 1/3 为合适。拆时应按与安装时的相反方向稍用力转动拨出。

2. 装置气密性的检查

易错点：操作顺序颠倒（先握容器壁，后把导管浸入水中）；装置漏气或导管口不冒气泡，不知从何处入手查找原因。

正确方法：导管一端先放入水中，然后用手贴住容器（烧瓶）加温，由于容器里的空气受热膨胀，导管口就有气泡逸出，把手松开降温一会儿，水就沿导管上升，形成一段水柱。这表明装置的气密性良好。观察导管口不冒气泡，情况有两种：一是用手握持容器时间过长，气体热胀到一定程度后不再膨胀，并不是漏气所致。应把橡皮塞取下，将容器稍冷却一下重新检验。二是装置漏气。先从装置连接处查找原因，然后考虑连接顺序是否正确。

五、复习思考题

（1）如果蒸馏装置漏气，怎样分步查出漏气点？

实验13　重结晶提纯法

一、实验目的

（1）学习提纯食盐的原理和方法及有关离子的鉴定。

（2）巩固掌握溶解、过滤、蒸发、浓缩、结晶、干燥等基本操作。

二、实验仪器及试剂

实验仪器：台秤，烧杯，量筒，普通漏斗，漏斗架，布氏漏斗，吸滤瓶，蒸发皿，石棉网，酒精灯，药匙。

实验试剂：粗食盐，HCl（6mol/L），乙酸 HAc（6mol/L），氢氧化钠 NaOH（6mol/L），氯化钡 $BaCl_2$（6mol/L），碳酸钠 Na_2CO_3（饱和），草酸铵 $(NH_4)_2C_2O_4$（饱和），镁试剂，滤纸，pH 试纸。

三、实验原理

粗食盐中的不溶性杂质（如泥沙等）可通过溶解和过滤的方法除去。粗食盐中的可溶性杂质主要是 Ca^{2+}、Mg^{2+}、K^+ 和 SO_4^{2-} 等，选择适当的试剂使它们生成难溶化合物的沉淀而被除去。

（1）在粗盐溶液中加入过量的 $BaCl_2$ 溶液，除去 SO_4^{2-}：

$$Ba^{2+} + SO_4^{2-} = BaSO_4\downarrow$$

过滤，除去难溶化合物和 $BaSO_4$ 沉淀。

（2）在滤液中加入 NaOH 和 Na_2CO_3 溶液，除去 Mg^{2+}、Ca^{2+} 和沉淀时加入的过量 $BaSO_4$：

$$Mg^{2+} + 2OH^- = Mg(OH)_2\downarrow$$

$$Ca^{2+} + CO_3^{2-} = CaCO_3\downarrow$$

$$Ba^{2+} + CO_3^{2-} = BaCO_3\downarrow$$

过滤，除去沉淀。

（3）溶液中过量的 NaOH 和 Na_2CO_3 可以用盐酸中和除去。

（4）粗盐中的 K^+ 和上述的沉淀剂都不起作用。由于 KCl 的溶解度大于 NaCl 的溶解度，且含量较少，因此在蒸发和浓缩过程中，NaCl 先结晶出来，而 KCl 则留在溶液中。

四、实验内容

（一）粗食盐的提纯

（1）在托盘天平上称取 8.0g 粗食盐，放在 100mL 烧杯中，加入 30mL 水，搅拌并加热使其溶解。至溶液沸腾时，在搅拌下逐滴加入 1mol/L $BaCl_2$ 溶液至沉淀完全（约2mL）。继续加热5min，使 $BaSO_4$ 的颗粒长大而易于沉淀和过滤。为了试验沉淀是否完全，可将烧杯从石棉网上取下，待沉淀下降后，取少量上层清液于试管中，滴加几滴 6mol/L HCl，再加几滴 1mol/L $BaCl_2$ 检验。用普通漏斗过滤。

（2）在滤液中加入 1mL 6mol/L NaOH 和 2mL 饱和 Na_2CO_3，加热至沸，待沉淀下降后，取少量上层清液放在试管中，滴加 Na_2CO_3 溶液，检查有无沉淀生成。如不再产生沉淀，用普通漏斗过滤。

（3）在滤液中逐滴加入 6mol/L HCl，直至溶液呈微酸性为止（pH 值约为 6）。

（4）将滤液倒入蒸发皿中，用小火加热蒸发，浓缩至稀粥状的稠液为止，切不可将溶液蒸干。

（5）冷却后，用布氏漏斗过滤，尽量将结晶抽干。将结晶放回蒸发皿中，小火加热干燥，直至不冒水蒸气为止。

（6）将精食盐冷至室温，称重，最后把精盐放入指定容器中。计算产率。

（二）产品纯度的检验

称取粗盐和精盐各 1g，分别溶于 5mL 蒸馏水中，将粗盐溶液过滤。两种澄清溶液分别盛于 3 支小试管中，组成 3 组，对照检验它们的纯度。

（1）SO_4^{2-} 的检验。在第一组溶液中分别加入 2 滴 6mol/L HCl，使溶液呈酸性，再加入 3 ~5 滴 1mol/L $BaCl_2$，如有白色沉淀，证明 SO_4^{2-} 存在，记录结果，进行比较。

（2）Ca^{2+} 的检验。在第二组溶液中分别加入 2 滴 6mol/L HAc 使溶液呈酸性，再加入 3 ~5 滴饱和的 $(NH_4)_2C_2O_4$ 溶液。如有白色 CaC_2O_4 沉淀生成，证明 Ca^{2+} 存在。记录结果，进行比较。

（3）Mg^{2+} 的检验。在第三组溶液中分别加入 3 ~5 滴 6mol/L NaOH，使溶液呈碱性，再加入 1 滴“镁试剂”。若有天蓝色沉淀生成，证明 Mg^{2+} 存在。记录结果，进行比较。镁试剂是一种有机染料，在碱性溶液中呈红色或紫色，但被 $Mg(OH)_2$ 沉淀吸附后，则呈天蓝色。

五、注意事项

（1）粗食颗粒要研细。

（2）食盐溶液浓缩时切不可蒸干。

（3）普通过滤与减压过滤的正确使用与区别。

六、复习思考题

（1）加入 30mL 水溶解 8g 食盐的依据是什么，加水过多或过少有什么影响？

（2）怎样除去实验过程中所加的过量沉淀剂 $BaCl_2$、NaOH 和 Na_2CO_3？

（3）提纯后的食盐溶液浓缩时为什么不能蒸干？

（4）在检验 SO_4^{2-} 时，为什么要加入盐酸溶液？

（5）在粗食盐的提纯中，原理（1）、（2）两步，能否合并过滤？

实验 14　硫酸铜的制备

一、实验目的

（1）学习从金属或金属氧化物制备它的某种盐的方法。

（2）学习掌握重结晶提纯物质的原理。

（3）巩固掌握天平使用、溶解过滤、蒸发浓缩、重结晶等基本操作。

二、实验仪器及试剂

实验仪器：天平，烧杯，蒸发皿，普通漏斗，漏斗架，布氏漏斗，吸滤瓶，蒸发皿，石棉网，酒精灯，药匙。

实验试剂：H_2SO_4(3mol/L)、HNO_3（浓）、废铜屑（或氧化铜）。

三、实验原理

纯铜为不活泼金属，不能溶于非氧化性的酸中，但其氧化物在稀酸中却能溶解。因此工业上制备硫酸铜时，先把铜烧成氧化铜，然后与适当浓度的硫酸反应而生成硫酸铜。

实验采取用浓硝酸作氧化剂，以废铜屑与硫酸、浓硝酸反应来制备硫酸铜：

$$Cu + 2HNO_3 + H_2SO_4 = CuSO_4 + 2NO_2 + 2H_2O$$

四、实验内容

（一）称样及处理

称取 4.5g 铜屑，将它置于干燥的蒸发皿中，用酒精灯火焰灼烧，除去铜屑上的油污。放冷备用。

（二）制备操作

（1）反应溶解。往盛有上述铜屑的蒸发皿中加入 16mL 3mol/L 的 H_2SO_4，然后缓慢地分次加入 7mL 浓 HNO_3（在通风橱中操作）。待反应缓和后，盖上表面皿，放在水浴上加热。加热过程中补加 8mL 3mol/L 的 H_2SO_4 和 7mL 浓 HNO_3（根据情况尽量少加浓 HNO_3）。待铜屑近全部溶解（约 1h 后），趁热用倾析法将溶液移至一小烧杯中。如有少量不溶残渣，可用少量 3mol/L 的 H_2SO_4 洗涤后弃去，洗涤液合并于小烧杯中。

（2）蒸发浓缩。将溶好的硫酸铜溶液转回到洗净的蒸发皿中，在酒精灯上或电热套中，缓慢加热，浓缩至表面有小颗晶体出现为止。

（3）冷却抽滤、称重。取下蒸发皿，置于冷水上冷却，即有蓝色粗的五水硫酸铜晶体析出。冷至室温后，抽滤、称重。计算产率。

（三）提纯精制（重结晶）

将粗产品以每1g加1.2mL水的比例，溶于蒸馏水中。加热使其完全溶解，并趁热过滤。滤液收集在一个小烧杯中，让其慢慢冷却，即有晶体析出（如无晶体析出，可在酒精灯上或电热套中加热蒸发，稍微浓缩）。冷却后，用抽滤法除去母液。晶体抽干后称重，计算产率。母液回收。

第二部分

材料制备实验

实验 15　天然生物材料甲壳素的制备获取

一、实验目的

（1）了解人类由昆虫资源制取甲壳素方法。
（2）了解保护环境的重要。
（3）学习提取率的计算。

二、实验原理

甲壳素也称为甲壳质，是一种多糖类生物高分子，在自然界中广泛存在于动物的外壳。甲壳素是地球上仅次于植物纤维的第二大生物资源，是人类取之不竭的生物资源。甲壳素应用范围很广泛，在工业上可用于布料、衣物、纸张等方面。在农业上可作杀虫剂、植物抗病毒剂。作为生物相容性良好的材料，可作为人工皮肤、隐形眼镜及缝合线等。

甲壳素的提取方法归纳起来为“三脱”，一是脱除动物矿物质，二是脱除动物蛋白质，三是脱色处理。将提取物干燥，测量其在干燥前后的质量，即可求出提取率。

三、实验仪器及试剂

试验仪器：电磁搅拌器，恒温干燥箱，电子天平，电子万用炉，电热恒温水浴锅。
试验药品：氢氧化钠，盐酸，无水乙醇，冰醋酸，30% H_2O_2。

四、实验步骤

基本工艺流程为：盐酸浸泡脱矿物质—氢氧化钠浸泡脱蛋白质—双氧水脱色。

样品的预处理：用自来水冲洗数次，用蒸馏水漂洗后烘干（60℃恒温干燥 12h）得到干燥的昆虫壳试样，放入干燥器中待用。

甲壳素提取步骤：

（1）脱矿物质（钙）处理。将所得干昆虫壳试样用 4% 的 HCl 溶液在 25℃左右浸泡 20h，蒸馏水洗至中性，留待下一步脱蛋白质使用。

（2）脱蛋白质处理。将脱矿物质处理后的试样在水浴（90℃）中用10%的NaOH溶液振荡处理4h（2h换一次NaOH溶液），水洗至中性，留待下一步脱色使用。

（3）脱色处理。将脱矿物质和脱蛋白质的试样用10%的H_2O_2在80℃水浴中振荡处理1h脱色，水洗，烘干即得甲壳素。

数据处理：

（1）试验记录（见表15-1）

表15-1　试验记录表

项　目		容器的质量 m_1/g	提取前试样与容器的质量 m_2/g	提取后的试样与容器的质量 m_3/g
数　值	1	250	750	745
	2	250	750	744

（2）结果计算

产出率ω_{wc}按式（15-1）、式（15-2）计算（精确至0.1%）：

$$\omega_{wc1} = \frac{m_2 - m_3}{m_3 - m_1} \times 100\% = \frac{750 - 745}{745 - 250} = 1.01\% \quad (15\text{-}1)$$

$$\omega_{wc2} = \frac{m_2 - m_3}{m_3 - m_1} \times 100\% = \frac{750 - 744}{744 - 250} = 1.21\% \quad (15\text{-}2)$$

以两次试验结果的算术平均值作为测定值。

$$\omega_{wc} = \frac{1.01 + 1.21}{2} = 1.11\% \approx 1.1\% \quad (15\text{-}3)$$

五、复习思考题

（1）HCl、NaOH、H_2O_2在处理昆虫壳时的作用各是什么？

（2）甲壳素与壳聚糖水溶性哪个好，各有何应用？

实验16　高性能绿色降解生物复合膜的合成

一、实验目的

（1）掌握生物壳聚糖复合膜的制备原理。
（2）了解壳聚糖膜的制备方法。

二、实验原理

地球上存在的天然有机化合物中，数量最大的是纤维素，其次就是甲壳素。甲壳素广泛存在于节肢动物（如虾、蟹、蚊等）、软体动物（如牡蛎、蜗牛等）、海藻（主要是绿藻）、真菌（如担子菌、藻菌）、动物的关节、蹄、足的坚硬部分以及动物肌肉与骨结合处。估计自然界每年生物合成甲壳素将近100亿吨，因此，甲壳素是一种取之不尽、用之不竭的天然资源。壳聚糖是甲壳素N-脱乙酰基的产物，通常把脱乙酰度大于70%、能溶于稀酸水溶液的甲壳素称为壳聚糖。

作为新型功能膜材料，壳聚糖膜制备简单，易于成膜，具有良好的透过性能和物理力学性能，耐酸性。交联后壳聚糖膜的抗张强度大，韧性好，具有较强的耐碱性和耐有机溶剂性。关于壳聚糖及其改性膜的研究工作主要集中在超滤膜、反渗透膜、膜法保鲜、离子交换膜及医学用膜等领域。

三、实验仪器及试剂

实验仪器：天平、超声清洗器、烘箱。
实验试剂：壳聚糖、淀粉、蒸馏水。

四、实验步骤

（1）3%壳聚糖醋酸溶液配制。称量3g壳聚糖，溶解于100mL的5%醋酸水溶液中。
（2）超声溶解，得到壳聚糖溶液，静置脱泡后在玻璃板上流延成膜。
（3）红外干燥箱中60℃烘干，取下，即得共混膜。

五、实验结果与处理

称量膜的质量，计算产出率。

实验17　淀粉的交联改性研究

一、实验目的

(1) 了解天然高分子淀粉的性质及用途。

(2) 掌握淀粉的交联改性方法及产品性质。

二、实验原理

淀粉是天然高分子化合物，来源广泛，成本低廉，与环境无毒副作用，可再生，可生物降解，是重要的绿色化工原料。淀粉存在一定的缺点，如它有较强的亲水性，其中的羟基易与水分子形成氢键在高温下的稳定性很差等。这些特点使得对淀粉的加工存在一定困难。为了满足应用的要求，淀粉的改性是必不可少的步骤。淀粉的改性方法有很多，如酶转化生物变性，预糊化、电子辐射热降解等物理改性，酯化、醚化、交联、氧化等化学变性。当前改性技术的前沿是发展组合变性技术，如将酸变性、氧化变性与衍生取代结合，衍生取代与交联作用结合，预糊化后再进行接枝反应等，淀粉的改性技术将有巨大的发展空间。淀粉的醇羟基与具有二元或多元官能团的化合物反应形成二醚键或二酯键，使两个或两个以上的淀粉分子交叉连在一起形成多维空间网状结构，成为交联淀粉。

交联淀粉主要性能体现在其耐酸、耐碱性和耐剪切力，冷冻稳定性和冻融稳定性好，并且具有糊化温度高、膨胀性小、黏度大和耐高温等性质。随着交联度的提高，淀粉分子间交联化学键数量增加，淀粉颗粒变得更加紧密，降低了淀粉在水中的溶解程度。交联淀粉的许多性能优于淀粉。交联淀粉提高了糊化程度和黏度，稳定程度比淀粉糊有更大的提高。交联淀粉的抗酸、碱的稳定性也大大优于淀粉。经常使用的交联试剂有三氯氧磷、偏磷酸三钠、甲醛、丙烯醛、环氧氯丙烷等，其中淀粉与环氧氯丙烷、甲醛和丙烯醛的反应为醚化反应，而与三氯氧磷、偏磷酸三钠的反应则为酯化反应。本实验以玉米淀粉为原料，以环氧氯丙烷为交联剂，以氢氧化钠为催化剂对玉米淀粉进行交联改性。

三、实验仪器及试剂

实验仪器：超级恒温水浴箱，电子天平，移液管，烧杯，pH值试纸（广泛、精密），离心机，pH计。

实验试剂：无水乙醇，氯化钠，甲醛，偏磷酸三钠，氢氧化钠，环氧氯丙烷，盐酸，玉米淀粉。

四、操作步骤

（一）玉米淀粉的交联改性

1. NaCl与NaOH体系

称取25g绝干淀粉配成40%的浆液放入烧杯中加入3g氯化钠，搅拌均匀后，用1mol/L

的氢氧化钠调pH值至10.0，加入10mL甲醛于30℃反应2h之后，用2%的盐酸调pH值至6~6.8，过滤，乙醇和水洗涤后干燥，粉碎即得样品。

2. NaOH体系

称取10g绝干玉米淀粉，加入1g三偏磷酸钠，加入90mL水，用0.1mol/L NaOH调pH值至10，在50℃下反应2h后调pH值至6.6~6.9，抽滤、水洗3次后干燥，粉碎即得样品。

3. Na_2CO_3体系

称取10g绝干玉米淀粉，加入1g三偏磷酸钠，加入90mL水，用Na_2CO_3调pH值至10，在50℃下反应2h后调pH值至6.6~6.9，抽滤、水洗3次后干燥，粉碎即得样品。

4. NaCl与Na_2CO_3体系

称取10g绝干玉米淀粉，加入1g三偏磷酸钠，加入90ml水，加入一定量NaCl，用Na_2CO_3调pH值至10，在50℃下反应2h后调pH值至6.6~6.9，抽滤、水洗3次后干燥，粉碎既得产品。

（二）测交联度

1. 溶胀平衡法测定交联度原理

交联聚合物在溶剂中不能溶解，但能产生一定程度的溶胀，溶胀程度取决于聚合物的交联度。在恒温条件下，溶剂分子进入聚合物交联成三维网络时，将引起三维分子网的伸展而使聚合物交联体系体积膨胀；同时聚合物交联网的伸展，则将产生交联网中交联点间高分子链构象熵的降低，从而使交联网产生弹性收缩力，这种收缩力的大小取决于交联聚合物中两交联点间高分子链段的平均相对分子质量。当溶剂的溶胀力和交联链段的收缩力相平衡时，体系达到了溶胀平衡状态，测出这时的溶胀度（溶胀前后的体积比）Q值，即可计算出聚合物交联点间的高分子链段的平均相对分子质量。显然，数值越大，表明该交联聚合物的交联程度越小（交联密度越小）。而当高度交联的聚合物与溶剂接触时，由于交联点之间的分子链段很短，不再具有柔性，溶剂分子很难钻入这种刚硬的分子网络中，因此高度交联的聚合物在溶剂中甚至不能发生溶胀。相反如果交联度太低，分子网中存在的自由末端对溶胀没有贡献。

该原理的测量方法有质量法和容量法。其中容量法之一的沉降法是初略判定交联度的一种方法，还可以使用溶胀计测量。

2. 沉降法操作步骤

（1）称0.5g粉碎样品装入100mL烧杯中，移液25mL蒸馏水溶解样品，制成2%浓度的淀粉溶液。

（2）将烧杯置于82~85℃水浴中，稍加搅拌，保温2min，取出冷却至室温。

（3）冷却分别取10mL装入2支刻度离心管中，对称装入离心机转速4000r/min，时间2min，运转2min，停转。

（4）取出离心管，将上清液倒入另一支同样体积的离心管中，读出的毫升数体积即为沉降积。对同一样品进行两次平行测定。

$$沉降积 = 10 - V$$

式中　V——清液的体积，mL。

计算溶胀度 Q 值。

3. 糊化温度的测定

用显微熔点测定仪分别测定原淀粉和交联改性淀粉的糊化温度。

五、实验结果处理及分析

比较交联实验制得的各个玉米淀粉样品的交联度的大小，依次为：__________。

六、复习思考题

（1）试阐述淀粉的交联改性原理。

（2）淀粉交联度的影响因素有哪些？

实验 18　共沉淀法制备纳米羟基磷灰石粉体

一、实验目的

（1）掌握磁力搅拌器的使用方法。

（2）掌握反应过程中 pH 值的控制。

（3）掌握共沉淀法制备羟基磷灰石的实验室工艺过程。

二、实验原理

恒温磁力搅拌器是实验工作中常用的一种以液体为介质的恒温装置。用液体作介质的优点是热容量大和导热性好，从而使温度控制的稳定性和灵敏度大为提高。

根据温度控制的范围，可采用下列液体介质：－60～30℃采用乙醇或乙醇水溶液，0～90℃采用水，80～160℃采用甘油或甘油水溶液，70～200℃采用液体石蜡、汽缸润滑油、硅油。

设计一个优良的恒温水浴应满足的基本条件是：

（1）定温计灵敏度高；

（2）搅拌强烈而均匀；

（3）加热器导热良好而且功率适当；

（4）搅拌器、定温计和加热器相互接近，使被加热的液体能立即搅拌均匀并流经定温计及时进行温度控制。

羟基磷灰石（hydroxyapatite，HA）是磷酸钙生物陶瓷中最具有代表性的一种材料，它是人体和动物骨骼中最主要的无机成分。

目前合成纳米羟基磷灰石粉体一般分干法和湿法（见图 18-1），其中湿法应用较广，湿法又分共沉淀法、溶胶凝胶法、微乳液法、模拟体液法。

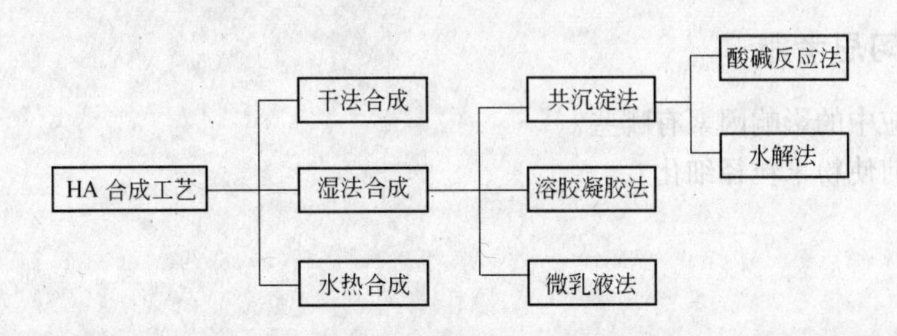

图 18-1　HA 合成工艺示意图

而共沉淀法由于设备简单，反应条件易于控制，因而运用较为广泛。常用的反应方程式如下：

$$Ca(NO_3)_2 + (NH_4)_2HPO_4 + NH_3 \cdot H_2O \longrightarrow Ca_{10}(PO_4)_6(OH)_2 + NH_4NO_3 + H_2O$$

反应的过程中，需要消耗 OH^-，因而需要用 $NH_3 \cdot H_2O$ 调节 pH 值至 10 左右，反应过程中使用 pH 值进行在线监测。控制反应温度约 55℃。

将样品在 80 ~ 100℃烘箱内烘去水分，一般烘 4h，烘干时要避免过热。样品颗粒不宜太大，一般要在研钵中研碎样品。样品若是液体，应将一定体积的样品滴在滤纸上，在 60 ~ 80℃内烘干后，再进行实验。

三、实验仪器及试剂

实验仪器：1000mL 烧杯，500mL 烧杯，磁力搅拌器，玻璃棒，离心机，烘箱，超级恒温水溶锅，pH 计，pH 试纸，电子天平，分液漏斗 2 个。

实验试剂：硝酸钙，柠檬酸，磷酸氢二铵，乙醇，氨水。

四、实验操作

（1）称量硝酸钙 47. 78g、柠檬酸 0. 07g 和蒸馏水 200mL 及磷酸氢二铵 15. 68g 和蒸馏水 200mL。将称量好后的硝酸钙和柠檬酸用 200mL 的水溶解在 1000mL 的烧杯中，同样将称量好的磷酸氢二铵溶解在 500mL 的烧杯中备用。

（2）将溶解了硝酸钙和柠檬酸的烧杯放入磁力搅拌器中，温度调到 55℃，转速适当。

（3）待烧杯中物质溶解后，并且温度达到所需，往其中滴入氨水将 pH 值调到 10. 5 左右，然后打开盛有磷酸氢二铵溶液的分液漏斗开关，使其以 3s 每滴的速度往下滴。

（4）保持磷酸氢二铵的滴速不变，通过调节氨水的滴速调节 pH 值，使反应过程中 pH 值保持在 10. 5 左右。

（5）反应完后在 40℃温度下陈化 24h。

（6）洗涤：用无水乙醇洗 3 次，蒸馏水洗 3 次。

（7）烘干：用培养皿将浆料盛好，放入烘箱中，温度保持在 70℃，直到粉料成纯白色，磨成细粉即可。

五、实验结果及处理

通过实验数据计算产率，并通过 XRD 进行粉末鉴定，确定相组成。

六、复习思考题

（1）反应中的影响因素有哪些？

（2）如何使粉末粒径细化？

实验 19　溶胶-凝胶法合成纳米铝酸锶长余辉发光材料前驱体

一、实验目的

掌握溶胶-凝胶法合成长余辉发光材料的方法。

二、实验原理

长余辉光致发光材料中研究较多的是硫化物发光材料，但是硫化物发光材料在化学性质上不稳定，显示出较差的抗光性。在一定湿度和紫外光的辐射下会发生分解，材料颜色变黑，导致光亮度减弱，并且持续发光时间较短。

20 世纪 90 年代，在铝酸盐体系中发现的以 Eu^{2+} 为代表的稀土离子的特长余辉发光现象是长余辉发光材料研究历史上的一次飞跃。目前对于 Eu^{2+} 激活的稀土铝酸盐长余辉发光材料的研究仍然十分活跃。铝酸锶体系（$SrAl_2O_4:Eu^{2+}$（SE）；$SrAl_2O_4:Eu^{2+}$，Dy^{3+}（SED））长余辉发光材料与硫化物发光材料相比具有：发光效率高、余辉时间长、化学性质稳定、没有放射性危害等特点。

当前制备铝酸锶体系长余辉发光材料的工艺大部分是高温固相法。该法虽然生产工艺简单，但是合成温度较高，一般在 1300℃以上，甚至高达 1700℃，并且纯单相物质难以得到，不利于实际生产应用。所以，寻找一种高效实用的制备合成方法是当前稀土金属铝酸锶长余辉发光材料研究的一个重要方向。

本实验采用溶胶-凝胶法合成纳米铝酸锶长余辉发光材料前驱体。

三、实验仪器及试剂

实验仪器：集热式恒温加热磁力搅拌器，电子分析天平，电热恒温干燥箱，pH 计，超级恒温水溶箱，快速升温节能箱式电炉。

实验药品：硝酸锶，九水硝酸铝，硼酸，柠檬酸，环糊精，氧化铕，氧化镝。

四、实验操作

1. 准确称量 0.0029g 的 Eu_2O_3 及 0.0058g 的 Dy_2O_3，分别用去离子水调成浆状，用 6mol/L HNO_3(GR)溶解，按化学计量比称取一定量的 $SrNO_3$(AR)0.3547g、$Al(NO)_3 \cdot 9H_2O$(AR)1.1312g、硼酸 0.0149g 用 15mL 去离子水加热溶解制成溶液 A。

2. 再加入摩尔数是金属离子两倍的 2g 柠檬酸，或 0.8g 环糊精溶于水成 B 液。

3. 将 A、B 溶液混合后振荡至全部溶解。将混合溶液置于磁力搅拌器上加热搅拌 6h，用氨水调节 pH 值为 2～3，然后于 80℃水浴中缓慢蒸发 6～10h 逐渐形成溶胶，溶胶有很大的黏度，呈透明的黄色，伴有大量的气体逸出。继续蒸发形成深黄色凝胶，将凝胶放入低温干燥箱中在 120℃下恒温干燥 5～72h。

五、实验结果处理及分析

1. 准确称取烘干的样品质量，计算产率。
2. 用 XRD 检测样品，分析相组成。

六、复习思考题

（1）溶胶-凝胶法技术的原理是什么?
（2）长余辉发光材料的利与弊是什么?

实验20　玻璃材料化学稳定性的测定

一、实验目的

(1) 进一步理解玻璃被侵蚀的机理。

(2) 了解测定玻璃化学稳定性的方法及应用范围。

(3) 掌握常用的玻璃耐水性的测定方法。

二、实验原理

将具有一定尺寸度和一定质量的试样浸于水中，于某一特定温度时保持一定的时间，然后测定样品在水的作用下所损失的量，或用0.01mol/L的盐酸标准溶液滴定至微红色，记下耗用标准盐酸溶液的毫升数，就可计算玻璃转移到溶液中的成分的含量，确定玻璃的水解等级。

三、实验仪器及试剂

实验仪器：水浴锅，烘箱，天平，滴定台。

实验试剂：0.01mol/L盐酸标准溶液，甲基橙溶液，玻璃。

四、实验步骤

(1) 制备直径为0.1～0.5mm的玻璃粉末约20g，用乙醇洗涤玻璃试样，并在100～110℃下干燥至恒重，待用。

(2) 往恒温水浴锅内加入足量的水，通电加热至沸待用。

(3) 准确称取试样3份，每份约5g，分别放入3个50mL的容量瓶内，用蒸馏水冲洗瓶壁上的样品，使之流入瓶底，再加入蒸馏水至瓶的刻度线。

(4) 另取两个50mL的容量瓶，加蒸馏水至刻线，用一个做空白试验，另一个用来控制温度。

(5) 将上述5个容量瓶平稳地浸入沸水浴中，浸入深度以超过刻度为限，盖上盖子，快速升温，使容量瓶内温度在3min内达到100℃，保温60min。

(6) 将容量瓶从热水浴中取出，将瓶迅速浸入冷水中冷却，打开瓶塞，并用蒸馏水补齐至瓶的刻线，盖上盖子，摇匀后静置5min。

(7) 如仅测定样品在水作用下的损失量，即将样品取出干燥；用移液管从每只容量瓶中移取25mL清液，放入相应的锥形烧瓶内，各加入2滴甲基橙溶液，用0.01mol/L盐酸标准溶液滴定至微红色，分别记下所耗用盐酸溶液的体积。

(8) 以同样方法确定空白溶液所耗用的标准盐酸的体积数。

五、数据处理

实验数据记录与处理见表20-1。

从得到的 3 个试样测定值中分别减去空白值，然后计算出平均值，即得到结果（见表 20-1）。

表 20-1　实验数据记录与处理

试样编号	耗用 0.01mol/L 盐酸的体积/mL			析出 Na_2O 的量/μg			水解等级
	单个试样	扣除空白	平均值	单个试样	扣除空白	平均值	
1	1.20	0.90	0.84	372.0	279.0	260.4	3
2	1.12	0.82		347.2	254.2		
3	1.10	0.80		341.0	248.0		
空白实验	0.30			93			

如果要换算为相应碱析出量的数据，可按下式计算：

$$Na_2O(\mu g/g) = 310V_{HCl}$$

式中　V_{HCl}——所消耗标准盐酸的体积，mL。

参见表 20-1，将实验数据填入表 20-2 中。

表 20-2　实验数据记录表

试样编号	耗用 0.01mol/L 盐酸的体积/mL			析出 Na_2O 的量/μg			水解等级
	单个试样	扣除空白	平均值	单个试样	扣除空白	平均值	
1							
2							
3							
空白							

根据计算结果，查表 20-3 确定玻璃的耐水等级。

表 20-3　玻璃的水解等级

水解等级	每克玻璃粉末耗用 0.01mol/L 盐酸溶液的量/$mL \cdot g^{-1}$	每克玻璃粉末的氧化钠浸出量/$\mu g \cdot g^{-1}$
1	<0.10	<31
2	0.10～0.20	31～62
3	0.20～0.85	62～264
4	0.85～2.0	264～620
5	2.0～3.5	620～1035

假如在耐水等级为 1 和 2 的试样中，每个结果与平均值的误差大于 ±10%，3～5 级玻璃中误差大于 5%，则需重新测定。

六、影响因素分析

（1）玻璃试样颗粒度的影响。因为粉末法是使玻璃颗粒表面受化学处理，玻璃试样颗粒度决定试样的表面积，表面积越大，受水的侵蚀越大。为了使测量结果有可比性，必须控制玻璃试样颗粒度，要求颗粒为球形。

（2）玻璃试样量的影响。玻璃试样的量越大，表面积越大，受水的侵蚀越大。因此必须准确称量试样的量。

（3）玻璃试样被煮沸的时间和煮沸温度的影响。煮沸的时间越长，受水的侵蚀越大。煮沸温度越高，受水的侵蚀越大。为了使测量结果有可比性，必须按标准规定控制玻璃试样煮沸的时间和煮沸温度。

（4）滴定的影响。滴定时要看准颜色的变化和变化时的滴定量，才能得到正确的试样结果。

实验 21　甲基丙烯酸甲酯的本体聚合

一、实验目的

（1）了解本体聚合的原理和特点。

（2）掌握本体聚合的合成方法及聚合过程中的安全操作事项。

二、实验原理

本体聚合是不加其他介质，只有单体本身，在引发剂、光、热等作用下进行的聚合反应，又称块状聚合。本体聚合具有产物纯度高、工序及后处理简单的优点，可直接聚合成各种规格的板材。但随着本体聚合的进行，转化率提高，体系黏度增加，聚合热难以散发，系统的散热是关键。同时由于黏度增加，长链游离基末端被包埋，扩散困难使游离基双基终止速率大大降低，致使聚合速率急剧增加而出现所谓自动加速现象或凝胶效应，这些轻则造成体系局部过热，使聚合物相对分子质量分布变宽，从而影响产品的机械强度；重则体系温度失控，引起爆聚。为克服这一缺点，现工业上解决的办法是先预聚，转化率达 10% ~40%，放出一部分聚合热，有一定的黏度；再后聚，在模板中聚合，逐步升温，使聚合完全。

本实验是以甲基丙烯酸甲酯（MMA）进行本体聚合，聚合产物聚甲基丙烯酸甲酯（PMMA，俗称有机玻璃）具有高度透明性、密度小，制品要比同体积无机玻璃轻巧得多，同时又具有一定的耐冲击强度和良好的低温性能，是航空工业与光学仪器制造工业的重要原料；并且其电性能良好，是很好的绝缘材料。甲基丙烯酸甲酯在引发剂存在下，进行如下聚合反应：

$$n\mathrm{H_2C{=}C(CH_3){-}COOCH_3} \xrightarrow{\text{引发剂}} \left[\mathrm{-H_2C{-}C(CH_3)(COOCH_3){-}}\right]_n$$

甲基丙烯酸甲酯在引发剂作用下发生聚合反应，放出大量的热，为避免这种现象，在实际生产有机玻璃时常采取预聚成浆法和分步聚合法，整个过程分预聚合、浇铸灌模、后聚合和脱模几个步骤。在聚合反应开始前有一段诱导期，聚合率为零，体系黏度不变，在转化率超过 20% 以后，聚合速率显著加快，而转化率达 80% 以后，聚合速率显著减小，最后几乎停止，需要升高温度才能使之完全聚合。

三、实验仪器及试剂

实验仪器：磁力搅拌器，锥形瓶，水浴锅，温度计，试管，试管夹，玻璃棒，烘箱，棉花，橡皮圈，天平。

实验试剂：甲基丙烯酸甲酯（MMA），过氧化二苯甲酰（BPO，精制）。

四、实验步骤

（1）预聚合。取30mL甲基丙烯酸甲酯于干燥的锥形瓶中，加入0.03g引发剂过氧化二苯甲酰（BPO），为使水汽不进入锥形瓶内，上面可盖一玻璃纸，用橡皮圈扎紧，用水浴在80~90℃下搅拌加热，进行预聚合30min。注意观察体系的黏度变化，当预聚物黏度与甘油黏度相近时停止加热，用冷水冷却至室温。

（2）浇铸灌模。将以上制备的冷却的预聚液慢慢灌入干燥的试管中，防止锥形瓶外的水珠滴入。

（3）后聚合。后聚合又分为低温聚合和高温聚合两步，首先将试管口塞上棉花团，放入50℃烘箱内低温聚合6h，注意温度不能太高，否则易使试管内产生气泡。当模具内聚合物基本成为固体时升温至100℃，保持2h，使单体转化完全，完成聚合。

（4）脱模。待试管自然冷却到40℃时，取出所得有机玻璃棒，观察其透明性。

五、实验结果

（1）聚合产物表面光滑程度：__________。

（2）聚合产物表面气泡多少：__________。

六、注意事项

（1）预聚合温度不能太高，否则容易发生爆聚。

（2）浇铸灌模后要等温度降低后再放入烘箱进行后聚合反应。

（3）实验所用的引发剂过氧化二苯甲酰属于过氧化物类，受到撞击极易燃烧、爆炸，因此取用时要轻拿轻放。

（4）浇铸灌模时可以预先在试管中放入一些花草等，可以制备成小饰物，但要保证加入的花草干燥以防产生气泡。

七、复习思考题

（1）本体聚合反应为什么要进行预聚合？

（2）聚合为什么要采用分段加热，即先高温后低温而后再高温的工艺？

（3）采用本体聚合的方法制备有机玻璃有什么优点？

实验22　苯乙烯的悬浮聚合

一、实验目的

（1）学习悬浮聚合的原理和特点。

（2）掌握通过悬浮聚合制备聚苯乙烯的方法及步骤。

二、实验原理

悬浮聚合是工业生产常用的一种聚合方式，是将单体以微珠形式分散于介质中进行的自由基聚合。整体看水为连续相，单体为分散相。聚合在每个小液滴内进行，反应机理与本体聚合相同，每一个微珠相当于一个小的本体，可看做小珠本体聚合。悬浮聚合克服了本体聚合中散热困难的问题，当微珠聚合到一定程度，珠子内粒度迅速增大，珠与珠之间很容易碰撞黏结，不易成珠子，甚至粘成一团，为此必须加入适量分散剂，以便在粒子表面形成保护膜。但因珠粒表面附有分散剂，使纯度降低。

由于分散剂的作用机理不同，在选择分散剂的种类和确定分散剂用量时，要随聚合物种类和颗粒要求而定，如颗粒大小、形状、树脂的透明性和成膜性能等。同时也要注意合适的搅拌强度和转速、水与单体比等。因此，悬浮聚合一般由单体、引发剂、水和分散剂四个基本组分组成。

本实验选用苯乙烯的悬浮聚合来观察聚合反应的进行，加深对悬浮聚合机理、方法及影响因素的了解，并通过制备聚苯乙烯增加对聚合反应的感性认识。苯乙烯（St）通过悬浮聚合反应生成聚苯乙烯反应式如下：

$$n\,C_6H_5\text{—}CH{=}CH_2 \xrightarrow[\text{分散剂}]{\text{引发剂}} \left[\text{—}\overset{H}{C}(C_6H_5)\text{—}\overset{H_2}{C}\text{—}\right]_n$$

三、实验仪器及试剂

实验仪器：分析天平，三口烧瓶，回流冷凝器，搅拌器，温度计，水浴，烧杯，量筒，锥形瓶，表面皿，玻璃棒，布氏漏斗，烘箱。

实验试剂：苯乙烯（St，除去阻聚剂），过氧化二苯甲酰（BPO，精制），聚乙烯醇水溶液（1.5%），去离子水。

四、实验步骤

（1）安装仪器，如图22-1所示。

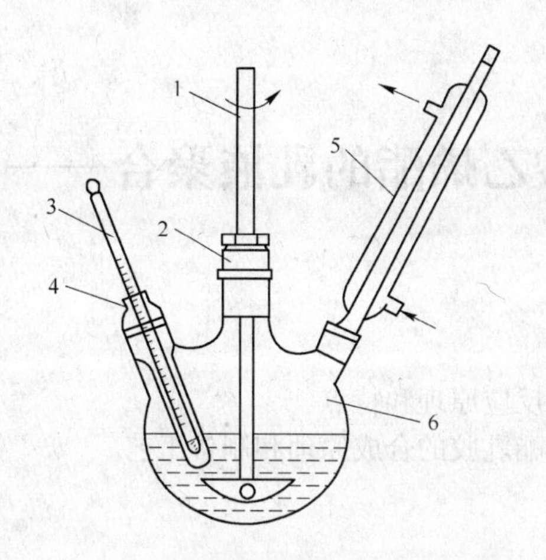

图22-1 苯乙烯聚合装置图

1—搅拌棒；2—密封圈；3—温度计；4—温度计套管；5—冷凝管；6—三口瓶

（2）加料。用分析天平准确称取0.3g过氧化二苯甲酰放入100mL锥形瓶中，再用移液管取15g去除阻聚剂的苯乙烯加入锥形瓶中，轻轻振荡，待过氧化二苯甲酰完全溶解后加入三口烧瓶中。再用量筒取20mL 1.5%的聚乙烯醇溶液加入三口烧瓶，最后用130mL去离子水分别冲洗锥形瓶和量筒后加入三口烧瓶中。

（3）聚合。开通冷凝水，启动搅拌并控制在一恒定转速，在20~30min内将温度升至85~90℃，开始聚合反应。在反应1h以后，体系中分散的颗粒变得发黏，此时一定要注意控制好搅拌速度。在反应后期可将温度升至反应温度上限，以加快反应，提高转化率。当反应1.5~2h后，可用吸管取少量颗粒于表面皿中进行观察，如颗粒变硬发脆，可结束反应。

（4）出料及后处理。若颗粒均变硬，说明聚合大致完成，此时停止加热，一边搅拌一边用冷水将三口烧瓶冷却至室温，然后停止搅拌，取下三口烧瓶。产品用布氏漏斗过滤，并用热水洗数次。最后产品在50℃鼓风干燥箱中烘干，称重，计算产率。

五、实验结果与处理

（1）产品外观：__________；产量：__________。

（2）产率的计算：__________。

六、实验注意事项

（1）反应时搅拌要快，均匀，使单体能形成良好的珠状液滴。

（2）85℃ ±1℃保温阶段是实验成败的关键阶段，此时聚合热逐渐放出，油滴开始变黏易发生粘连，需密切注意温度和转速的变化。

（3）如果聚合过程中发生停电或聚合物粘在搅拌棒上等异常现象，应及时降温终止反应并倾出反应物，以免造成仪器报废。

七、复习思考题

（1）悬浮聚合的原理是什么？

（2）如何控制悬浮聚合中聚合产物的粒度？

（3）悬浮聚合中分散剂的作用是什么？

实验 23　乙酸乙烯酯的乳液聚合——白乳胶的制备

一、实验目的

（1）掌握乳液聚合的反应原理和特点。

（2）学习聚乙酸乙烯酯乳胶的合成原理和制备工艺。

二、实验原理

乳液聚合是聚合反应方法之一，是将不溶于水或微溶于水的单体在强烈的机械搅拌及乳化剂的作用下与水形成乳状液，在水溶性引发剂引发下进行的自由基聚合，体系主要由单体、水、乳化剂及溶于水的引发剂四种基本组分组成。

乳液聚合的优点有：（1）采用水作为分散介质，环保、安全，且体系黏度低，有利于传热和连续生产；（2）产品是乳液状，可以直接使用，如水乳漆、胶粘漆等；（3）乳液聚合可以同时提高聚合速率和产品相对分子质量。在烯类单体的自由基本体聚合、溶液聚合及悬浮聚合中，提高反应速率的同时使得聚合物相对分子质量降低，二者是相矛盾的。但是乳液聚合可以将两者统一起来。乳液聚合反应发生在一个个彼此孤立的乳胶粒中，自由基链被封闭于其中，不能同其他乳胶粒中的长链自由基相碰而终止，只有和由水相扩散进来的初始自由基发生链终止反应，故自由基有充分的时间增长到很高的相对分子质量。

本实验中的乳液聚合是借助乳化剂 OP-10 的作用和机械搅拌将单体乙酸乙烯酯分散在介质（聚乙烯醇水溶液）中形成乳状液，并在引发剂（过硫酸铵或过硫酸钾）作用下进行的聚合反应。聚合反应式为：

$$n\,H_2C=\underset{\displaystyle OCOCH_3}{\underset{|}{CH}} \xrightarrow[\text{聚乙烯醇}]{K_2S_2O_8,\ OP\text{-}10} \left[\overset{H_2}{C} - \underset{\displaystyle OCOCH_3}{\underset{|}{\overset{H}{C}}} \right]_n$$

本实验的反应产物即为聚乙酸乙烯酯，俗称白乳胶，具有水基漆的优点，黏度小，相对分子质量较大，不用易燃的有机溶剂，尤其是它以乳液形式存在时，避免了大量溶剂挥发到环境中，是绿色环保产品。作为黏合剂时，木材、纸张等均可使用。

三、实验仪器及试剂

实验仪器：四口瓶，冷凝管，温度计，搅拌器（机械搅拌），量筒，烧杯，恒温水浴，烘箱。

实验试剂：乙酸乙烯酯，烷基酚与环氧乙烷的缩合物（OP-10），过硫酸钾（$K_2S_2O_8$，KPS），10% 聚乙烯醇水溶液，10% $NaHCO_3$ 水溶液蒸馏水。

四、实验步骤

（1）加料。将 0.2g KPS 溶于 2mL 水中，配制成 10% 的水溶液。另在装有搅拌器、冷凝管和温度计的四口瓶中加入事先溶解完全、冷却的10%聚乙烯醇水溶液50mL，1mL乳化剂OP-10，1/3的单体乙酸乙烯酯（13mL）和1/2的引发剂KPS水溶液（1mL）。

（2）反应。开动搅拌加热水浴，控制反应温度为68～70℃，在约2h内由冷凝管上端用滴管分次缓慢滴加完剩余的单体和引发剂（即单体乙酸乙烯酯26mL，引发剂KPS水溶液1mL），保持温度反应到无回流时，逐步将反应温度升高至90℃，继续反应到无回流时，保温反应10min。

（3）后处理。停止加热，将反应混合物冷却至约50℃，加入10% $NaHCO_3$ 水溶液调节体系的pH值为4～5，经过充分搅拌后冷却至室温出料。

（4）产品固含量测试。观察乳液外观，取一定量的乳液放入烘箱在90℃下干燥至恒重，称取残留的固体质量，计算固含量。固含量用质量分数表示：

固含量 =（干燥后乳液质量/干燥前乳液质量）×100%

五、实验结果与处理

（1）产品的外观：________；产量：________。

（2）产品固含量的计算。

六、实验注意事项

（1）升温过程中，当单体回流量较大时，应采取缓慢升温的措施，因此时容易在气液界面处发生聚合，从而导致结块。

（2）控制反应温度至关重要。由于反应大量放热，在一段时间内不宜采用加热或冷却的方法来控制温度，而是通过调节加料速度以使反应保持在一定的温度范围内。因为添加引发剂会使温度上升，添加单体可加快聚合速度，也导致温度升高，所以，可根据温度与回流情况来调节加料速度。

（3）引发剂不能一次加入或一次加入太多，否则聚合速度太快，反应热来不及散发，可能造成爆聚（轻则冲料，重则爆炸）。

（4）实验过程进行到中后期时，要注意观察体系的黏度变化，如果发现体系黏度有增大的迹象，可以适当加入蒸馏水降低体系黏度，防止局部过热。

七、复习思考题

（1）在乳液聚合过程中，乳化剂的作用是什么？

（2）要保持乳液聚合中乳液的稳定，应采取什么措施？

（3）为什么要在体系中加入 $NaHCO_3$ 溶液？

实验 24　丙烯酰胺的溶液聚合

一、实验目的

（1）掌握高分子溶液聚合的原理和特点。
（2）熟悉丙烯酰胺溶液聚合的操作过程。

二、实验原理

溶液聚合是单体溶于适当溶剂中进行的聚合反应。在聚合过程中存在向溶剂链转移的反应，使产物相对分子质量降低。因此，在选择溶剂时必须注意溶剂的活性大小，一般根据聚合物相对分子质量的要求选择合适的溶剂。另外还要注意溶剂对聚合物的溶解性能，选用单体及溶剂时，反应为均相聚合，可以消除凝胶效应。

与本体聚合相比，溶液聚合体系具有黏度低、搅拌和传热容易、不易产生局部过热、聚合反应温度容易控制等优点。但由于有机溶剂的引入，溶剂的回收和提纯使聚合过程复杂化。只有在一些直接使用聚合物溶液的场合，如涂料、胶粘剂、浸渍剂和合成纤维纺丝等，使用溶液聚合才最为合适。

聚丙烯酰胺（polyacrylamide，PAM）是一种玻璃状固体，易溶于水，也溶于乙酸、乙二醇、丙三醇和胺等有机溶剂。聚丙烯酰胺是重要的水溶性聚合物，而且兼具絮凝性、增稠性、耐剪切性、降阻性、分散性等宝贵功能，广泛应用于石油开采、选矿、化学工业及污水处理等方面，还可用于纸张增强、纤维改性、分散等方面。

过硫酸钾（过硫酸铵）引发进行溶液聚合时，由于溶剂并非完全是惰性的，对反应要产生各种影响，选择溶剂时要注意其对引发剂分解的影响、链转移作用、对聚合物的溶解性能的影响。丙烯酰胺为水溶性单体，其聚合物也溶于水，因此本实验采用水为溶剂进行丙烯酰胺溶液聚合。与以有机物作溶剂的溶液聚合相比，具有价廉、无毒、链转移常数小、对单体和聚合物的溶解性能好的优点。

溶液聚合制备聚丙烯酰胺的化学反应简式如下：

$$n\,H_2C=\underset{\underset{O=C-NH_2}{|}}{CH} \xrightarrow[\text{溶剂}]{\text{引发剂}} \left[\overset{H_2}{C}-\underset{\underset{O=C-NH_2}{|}}{\overset{H}{C}}\right]_n$$

三、实验仪器及试剂

实验仪器：三口瓶，冷凝管，温度计，搅拌器，烧杯，布氏漏斗，分析天平，烘箱。
实验试剂：丙烯酰胺，甲醇，过硫酸钾（或过硫酸铵），蒸馏水。

四、实验步骤

（1）安装实验装置，如图 22-1 所示。

（2）加料。在250mL三口瓶中加入10g（0.14mol）丙烯酰胺和80mL蒸馏水，开动搅拌器，用水浴加热至30℃使单体溶解（通氮气）。然后把溶解在10mL蒸馏水中的0.05g过硫酸钾从冷凝管上端加入反应瓶中，并用10mL蒸馏水冲洗冷凝管。

（3）反应。将聚合体系逐步升温到90℃，这时聚合物便逐渐形成，在90℃下反应2.5h（2～3h）。

（4）后处理。反应完毕后，将所得产物慢慢倒入盛有150mL甲醇的500mL烧杯中，边倒边搅拌，这时聚丙烯酰胺便沉淀下来。向烧杯中加入少量的甲醇，观察是否仍有沉淀生成，如果有沉淀生成，则可再加入少量甲醇（5～15mL），使聚合物沉淀完全。静置片刻后用布氏漏斗抽滤，沉淀物用少量的甲醇（10mL）洗涤3次，将聚合物转移到一次性杯中，在30℃真空烘箱中干燥至恒重，称重，计算产率。产率计算公式如下：

$$\text{产率}(\%) = \text{干燥后质量} / \text{反应物质量} \times 100\%$$

五、实验结果与处理

（1）产品外观：________。

（2）烘干前质量：________；烘干后：________；产率：________。

六、复习思考题

（1）进行溶液聚合时，选择溶剂应注意哪些问题？

（2）工业上在什么情况下采用溶液聚合？

（3）引发剂是否升温得越快越好？

（4）为什么先加单体，再加引发剂，且要将引发剂溶于水中再加入？

实验 25　明胶的化学改性及改性度的测定

一、实验目的

（1）了解明胶的性质及特点。

（2）掌握明胶双键改性的原理及方法。

二、实验原理

明胶（Gel）是肽分子聚合物质，是胶原蛋白部分水解的产物，具有很高的相对分子质量、低抗原性、较好的生物相容性、促进细胞的增殖和分化等特点，且价格低廉。明胶分子中含有大量的羟基、氨基、羧基等功能基团，30℃以下的水中，在疏水性和氢键的相互作用下，明胶可以形成可逆的物理凝胶网络。明胶所具有的这些良好的理化性能，使得它在组织工程领域中得到了广泛的应用。同时明胶在食品、医药等工业领域也有着广泛应用。

近年来，为了满足对明胶的不同需求，很多研究者致力于对明胶进行改性研究。明胶是由氨基酸通过羧基和氨基相互连接而形成的一种多肽链，它链上有氨基、羧基等活性基团。正是这些活性基团的存在，才使得明胶可以发生很多化学反应，赋予明胶多种优良的特性，使其可以用于很多领域。明胶的化学改性是利用明胶分子链上各官能团能够与其他低分子或高分子化合物进行反应，而使得明胶的性能发生改变的一种方法。

本实验以甲基丙烯酸缩水甘油酯（GMA）为接枝单体，明胶（Gel）为基本原料，对明胶进行双键改性。反应原理为明胶侧链的氨基与 GMA 上的环氧基进行加成反应，使其接上双键，改性反应式如下图所示：

Gel—NH_2+ GMA → Gel—GMA

明胶的这种改性可以制备出具有两性的明胶高分子材料，这种高分子材料骨架既具有亲油性又具有亲水性，所以使明胶在保持原有亲水性的同时，又提高了柔顺性、弹性、耐热性及对某些溶剂的亲和性，使其应用范围更为广泛。同时对明胶的双键改性，使其侧链带有双键，可以使其通过光交联这种环保的新型交联方法制备出生物支架材料，已有较多研究表明这种改性明胶具有优良的性质。

三、实验仪器及试剂

实验仪器：三口烧瓶，磁力搅拌器，温度计，烧杯。

实验试剂：明胶（Gel），甲基丙烯酸缩水甘油酯（GMA），碳酸盐缓冲溶液，磷酸盐缓冲溶液（PBS），乙醇，茚三酮，甘氨酸，异丙醇，氮气。

四、实验步骤

（1）改性明胶的制备。在三口烧瓶中配制含10%（质量分数）明胶的碳酸盐缓冲溶液25mL，通氮气，开冷凝水一定时间，使其溶液中无气泡。之后加入10mL甲基丙烯酸缩水甘油酯（GMA），在50℃下搅拌反应3h。将得到的产物用乙醇沉淀，之后透析、冷冻干燥得到双键改性明胶（Gel-GMA）。

（2）明胶改性度的测定：

1）标准曲线中甘氨酸标准溶液的配制。将2.5mg甘氨酸溶解在5mL的磷酸盐缓冲溶液（PBS）溶液中，浓度为500μg/mL，之后在小瓶中逐渐稀释，分别稀释成400μg/mL、300μg/mL、200μg/mL、100μg/mL、50μg/mL、25μg/mL，PBS溶液直接作为标准浓度0μg/mL。

2）工作液的配制。将40mg的茚三酮溶解在20mL的异丙醇溶液中，待用。

3）标准曲线及样品氨基溶度的测定。将10mg制备的Gel-GMA及等量的明胶分别溶解于5mL的PBS中，之后分别取500μL待测液体和上述配制的不同溶度标准液至孔板中，每孔加1mL的茚三酮溶液，在80℃下反应2h，冷却至室温，于570nm测吸光度。以吸光度为纵坐标，氨基浓度为横坐标，绘制标准曲线，计算明胶改性前后氨基含量。

4）改性度的计算。计算公式为：

$$\text{改性明胶的改性度}(\%) = \frac{m_1 - m_2}{m_1} \times 100\%$$

式中　m_1——改性前明胶上的氨基含量；

m_2——双键改性明胶上的氨基含量。

五、实验结果与处理

（1）改性明胶外观：________；　产量：________。

（2）明胶改性前氨基含量：________；明胶改性后氨基含量：________。明胶双键改性度：________。

六、注意事项

（1）加甲基丙烯酸缩水甘油酯（GMA）之前需通一段时间氮气，且要浸到溶液液面下，确保体系内无气泡。

（2）明胶改性度的测定过程尽量避光。

七、复习思考题

（1）实验中明胶改性的原理是什么？

（2）通过标准曲线法测定明胶改性度的原理是什么？

实验 26　光交联聚乙二醇水凝胶的合成及性能研究

一、实验目的

（1）了解光交联的聚合机理。

（2）掌握光交联水凝胶的制备方法及影响因素。

二、实验原理

水凝胶的常用交联方式大致有三种：物理交联、化学交联、光交联。最近兴起的一种形成水凝胶的方法就是光交联，原理是在光照下光引发剂迸发自由基，进而诱导聚合物上的活泼基团（双键等）进行自由基聚合，快速可控地把小分子或大分子单体形成水凝胶网络结构。与物理交联、化学交联方式相比，光交联具有以下几个明显优势：

（1）能够在室温或其他条件下进行交联，固化速度较快，聚合时间、空间均可控，通过调节光照时间即可改变凝胶的各项性能；

（2）交联过程快速、简便；

（3）由于光照前为液相，因此可以实现原位注射，之后光照就可在组织损伤处形成水凝胶进行修复，尤其对不规则损伤组织，能使植入的组织与自身组织环境接触良好，可以避免外科手术过程中的染菌过程，使愈合更快、减少病人痛苦、同时也降低医疗费用；

（4）聚合过程只需引入光引发剂，不需要其他的有机溶剂，是一种当下较环保的交联方式，且产生热量少，不会损害人体健康。

正是基于上述优点，光交联在组织工程领域被广泛应用。

聚乙二醇（PEG）为非离子亲水聚合物，能够溶于水，具有优良的生物相容性。同时PEG 在体内能够抗蛋白质吸收和细胞黏结，因而广泛用作药物释放的基材。目前（甲基）丙烯酸酯封端的 PEG 光交联聚合水凝胶是研究的热点。

本实验以聚乙二醇二甲基丙烯酸酯（PEGDMA）为单体，以 I2959 为光引发剂，在波长 365nm 的紫外光下光引发剂迸发自由基，进而诱导 PEGDMA 单体进行自由基聚合，形成网络结构水凝胶。制备的水凝胶具有良好的性质，在组织工程领域广泛使用。

三、实验仪器及试剂

实验仪器：紫外交联仪，磁力搅拌机，水浴槽。

实验试剂：聚乙二醇二甲基丙烯酸酯（PEGDMA），2-羟基-4′-(2-羟乙氧基)-2-甲基苯丙酮（I2959），磷酸盐缓冲溶液（PBS）。

四、实验步骤

（1）以 PBS 溶液为溶剂，配制 10%（质量分数）的 PEGDMA 混合溶液，避光待用。

（2）避光配制 10%（质量分数）的光引发剂 I2959 乙醇溶液，使 I2959 的质量为 PEG-

DMA 质量的 2%，之后与上步配制的 PBS 溶液混合均匀后置于表面皿中。

（3）使用紫外交联仪在 365nm 波长下将等体积的表面皿溶液分别进行光照 15min、20min、25min、30min，观察不同光照时间下水凝胶成胶情况，水凝胶形成之后水洗 3 次以除去未反应的溶液。

（4）将形成的水凝胶在真空烘箱中 25℃ 下干燥（或冷冻干燥），之后称取其质量，看其光照时间的不同对水凝胶干重的影响。

五、实验结果与处理

（1）不同光照时间下成胶情况为：__________。

（2）形成水凝胶组的质量分别为：__________。

六、复习思考题

（1）光交联的聚合原理是什么？

（2）为什么不同光照时间对成胶情况有影响？

实验 27　聚乙烯醇/羟基磷灰石复合水凝胶的制备

一、实验目的

（1）了解聚乙烯醇和羟基磷灰石的性质。

（2）掌握聚乙烯醇/羟基磷灰石复合水凝胶材料的制备工艺。

二、实验原理

目前，关节软骨损伤是一类十分常见的疾病，关节软骨是一种高分化的组织，因此其损伤后自身修复能力有限。近年来兴起的组织工程方法为其组织修复提供了新的思路。组织工程是指运用细胞生命科学和工程学的原理，体外构建仿生组织，从而有效替代功能缺失或者受损的组织进而修复人体组织功能和形态研究的一门崭新学科。很多研究者致力于通过组织工程制备关节软骨材料，达到软骨修复的目的。

水凝胶的结构和关节软骨组织细胞外基质相似，能够为软骨细胞生长提供适宜的环境，因此是用于软骨修复的一类非常重要的生物材料。在制备修复软骨的水凝胶材料中，聚乙烯醇（PVA）水凝胶具有高弹性、易于成型、无毒副作用、良好的生物相容性及稳定的化学性。同时，PVA 水凝胶类似自然关节软骨的独特结构，使其具有与自然软骨相似的力学性能和优良的摩擦性能，使其在关节软骨修复领域具有广泛的应用。但是 PVA 人工软骨假体与骨基底的结合性能差，影响了软骨的固定和修复功能。因而需选用具有良好的生物活性和生物相容性的其他材料对 PVA 水凝胶进行改性，如常用的生物活性陶瓷材料羟基磷灰石（HA）、磷酸三钙等。

本实验采用传统的冷冻—熔融成型法制得聚乙烯醇/羟基磷灰石复合水凝胶，利用羟基磷灰石（HA）的生物活性可大幅提高人工软骨与骨基底的结合性能，达到较好的修复效果。同时对复合水凝胶的性能进行表征。

三、实验仪器及试剂

实验仪器：恒温水浴，量筒，天平，超声波分散仪，低温冰箱，真空烘箱。

实验试剂：聚乙烯醇，纳米羟基磷灰石，蒸馏水。

四、实验步骤

（1）制备聚乙烯醇/羟基磷灰石复合水凝胶。以蒸馏水为溶剂配制成 15% 的聚乙烯醇（PVA）水溶液。将配制好的 PVA 水溶液用恒温水浴加热升温至 90℃，加入一定量的纳米羟基磷灰石，超声分散搅拌均匀后，静置一定时间除去溶液中的气泡。将上述混合溶液倒入模具中，冷冻成型，在 -20℃ 冷冻 6～12h，然后将试样取出于室温下放置 2～4h 溶化，上述冷冻、溶化过程重复三次可得到聚乙烯醇/羟基磷灰石复合水凝胶。

（2）测量聚乙烯醇/羟基磷灰石复合水凝胶含水率。将制备的聚乙烯醇/羟基磷灰石复合水凝胶试样用滤纸擦干表面的水分后称重为 W_1，然后将凝胶试样在80℃下真空烘箱干燥至恒重，称得干凝胶试样质量为 W_2，水凝胶含水率计算公式为：

$$含水率(\%) = (W_1 - W_2)/W_1 \times 100\%$$

五、实验结果及分析

（1）制备的聚乙烯醇/羟基磷灰石复合水凝胶形态：__________。

（2）复合水凝胶含水率为：__________。

六、注意事项

（1）纳米级羟基磷灰石因其具有大的比表面积而导致该材料容易发生团聚现象，因此实验中选用超声分散，使其均匀地分布在PVA网络凝胶结构中。

（2）实验中不同冷冻—解冻次数会对水凝胶的性能有一定的影响，一般重复3次为宜。

七、复习思考题

（1）实验中加入羟基磷灰石的作用是什么?

（2）试分析冷冻—熔融成型法的水凝胶形成机理。

实验 28　光交联梯度水凝胶的制备

一、实验目的

（1）了解梯度材料的性质。

（2）掌握梯度材料的制备方法及表征。

二、实验原理

疾病、损伤或衰老等因素导致的组织器官缺损或功能丧失一直是人类健康所面临的主要问题之一，近年来发展起来的组织工程技术为解决组织修复开辟了一条新途径，并相关研究结果表明通过该途径对损伤组织有良好的修复效果。

很多组织结构不是均一的，而是呈各向异性梯度分布的。如关节软骨结构由表层到底层被划分为三个区域：表层、中间层、底层。由表层至底层，其力学强度、糖胺聚糖含量、含水量及软骨细胞的形状及密度均呈梯度分布，因此近年来从仿生的角度提出梯度功能材料的概念，期望制备与自然组织结构相似的梯度材料，达到更好的修复损伤组织的目的。

在制备梯度材料时，实现梯度的方法有溶液混合法、程序注射泵法、微流控法及光交联中的光掩模法等。本实验就是选用较简单的光掩模法制备聚乙二醇梯度水凝胶材料，即光交联过程中在聚合物溶液上方设置一个移动的光掩模，通过光照时间的不同导致水凝胶性能各项异性，呈梯度化分布，梯度材料制备过程如图 28-1 所示。

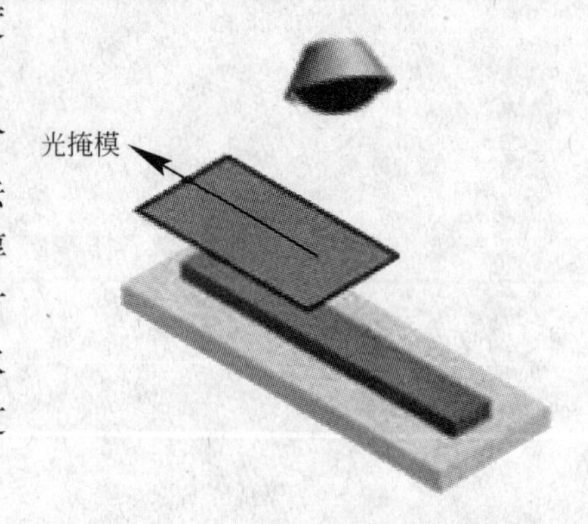

图 28-1　光掩模法制备梯度材料

三、实验仪器及试剂

实验仪器：紫外交联仪，磁力搅拌机，烧杯，水浴槽，光掩模，自制模具。

实验试剂：聚乙二醇二甲基丙烯酸酯（PEGDMA），2-羟基-4′-(2-羟乙氧基)-2-甲基苯丙酮（12959），磷酸盐缓冲溶液（PBS）。

四、实验步骤

（1）光交联 PEGDMA 梯度水凝胶材料的制备：

1）以磷酸盐缓冲溶液（PBS）为溶剂，配制 10%（质量分数）的 PEGDMA 混合溶液，避光待用；

2）避光配制 10%（质量分数）的光引发剂 12959 乙醇溶液，使 12959 的质量为 PEGDMA 质量的 2%，之后与上步配制的 PBS 溶液混合，搅拌均匀后置于自制模具中；

3）在装有聚合物溶液的模具上方安装光掩模装置，并设置使其按一定的速率移动，如图 28-1 所示；

4）使用紫外交联仪在 365nm 波长下对溶液进行光照 30min，使其进行交联反应，同时开启光掩模装置，使其按一定速率移动，形成不同区域光照时间的不同，制备梯度水凝胶材料，水凝胶形成之后水洗三次以除去未反应的溶液。

（2）梯度水凝胶材料的形貌表征。将制备的梯度水凝胶材料冻干，在液氮下淬冷横向方向切开获得截面，喷金后在扫描电镜下观察其形貌。

五、实验结果与处理

（1）梯度水凝胶材料的形貌为：__________；

（2）梯度水凝胶材料截面的孔径分布趋势为：__________。

六、复习思考题

（1）本实验中梯度材料的梯度是如何实现的？

（2）本实验中光掩模应具备的性质是什么？

实验 29　乳化法制备明胶微球

一、实验目的

（1）了解微球的制备方法及原理。

（2）掌握乳化法制备明胶微球的工艺。

二、实验原理

高分子微球是一种重要的新型高分子材料，在材料科学、化学工程、信息科学、生物及载药系统等领域有着广泛的应用。如聚合物微球就是很好的控制释放给药系统。以往的常规剂型如片剂、胶囊等都不能达到控制药物释放速率的目的。但微球结构可以保护药物免受外界环境的破坏而性能稳定，因此更能延长缓释作用。因此微球作为生物活性物质载体的研究较为广泛。

微球的制备方法主要有乳化法、喷雾干燥法、相分离法及电喷法等几种，其中乳化法应用最为广泛。乳化法是在搅拌或超声等外力作用下，在有机相搅拌的情况下滴入连续的聚合物水相，形成 O/W 的乳液。聚合物溶液在不相混溶的介质（油相）中分散，乳化成小液滴，两相间的界面张力使液滴体积增加到最大，液滴为了降低界面能，只能保持球形（相同体积的几何体中球体的表面积最小）。降温冷却后，球形液滴即固化成微球。再加入脱水剂（丙酮或异丙醇等）把微球的水分脱去，通过离心、抽滤等方法分离出来。

乳化法所需设备简单、操作简易，此方法不需要升高温度，也不需要相分离诱导剂，可以制备直径为纳米级到微米级的载药微球，已成为制备微球最常用的方法。

三、实验仪器及试剂

实验仪器：机械搅拌机，三口烧瓶，锥形瓶，水浴槽，磁力搅拌机，干燥箱。

实验试剂：明胶（B 型），液体石蜡，丙酮，冰块。

四、实验步骤

（1）乳化法制备明胶微球：

1）将 4g 的明胶溶于 10mL 70℃蒸馏水中配制浓度为 0.4g/mL 的溶液；将 60mL 液体石蜡加入 100mL 三口烧瓶中，在 70℃水浴中保持 60min，使其温度达到 70℃；

2）在机械搅拌（3000r/min）下，将明胶水溶液倒入上述 70℃液体石蜡中，乳化 15min；

3）将上述混合溶液立即倒入预冷（-10～0℃的冰水浴）的烧杯中，搅拌使体系温度冷却至 0℃以下（60min）；

4）在体系中加入 60mL 丙酮，搅拌脱水 60min，搅拌停止后静置 10min，在烧杯底部得到明胶微球。将样品抽滤，丙酮洗涤 3 次，空气干燥一定时间后得到明胶微球。

（2）明胶微球的表征。得到的明胶微球喷金后在扫描电镜（SEM）下观察其表面形貌。并用 Photoshop 软件测量 SEM 照片中微球的孔径大小。

五、实验结果与处理

（1）明胶微球颜色为：__________。
（2）微球表明光滑程度：__________。
（3）孔径大小及分布情况：__________。

六、注意事项

实验中乳化溶液倒入冰浴烧杯要迅速，否则会影响明胶微球的性质。

七、复习思考题

（1）乳化法制备微球的原理是什么？
（2）影响明胶微球孔径大小的因素有哪些？

实验30 致孔剂法制备PLGA多孔支架

一、实验目的

（1）了解多孔支架的概念。
（2）掌握致孔剂法制备多孔支架的原理。

二、实验原理

近年来，随着细胞生物学、分子生物学及生物材料学研究的突飞猛进，组织工程作为一门新兴的交叉学科出现，以重建、修复人体缺损组织。组织工程的领域涉及人体器官各个方面，如骨、皮肤、神经及肌腱等，因此组织工程成为研究热点。在组织工程重建修复组织的研究中，多孔支架材料是先导，已有大量研究以满足修复人体组织的要求。

制备支架的方法多种多样，大致有纤维粘接、溶液浇铸/粒子沥滤法（俗称致孔剂法）、冷冻干燥法、相分离法、气体发泡法及熔融成型法等几种。其中，溶剂浇铸/粒子沥滤方法所制备的支架孔隙大小和孔隙率可调、孔间连通度高、对设备要求低，已经成为聚合物组织工程多孔支架常用的制备工艺。

溶液浇铸/粒子沥滤法的原理为：将聚合物溶解在相应的有机溶剂中，然后将该溶液与致孔剂混合。待溶剂挥发后，将聚合物/致孔剂混合物在能溶解致孔剂的溶剂中沥滤两天以去掉致孔剂，从而得到多孔的聚合物支架材料。

本实验采用一种改进的溶液浇铸/粒子沥滤法，即以明胶微球为致孔剂，通过热致相分离粒子洗去法制备多孔支架。具体原理为：致孔剂颗粒与聚合物溶液均匀地混合形成混合物，浇铸在适当的模具中，低温冷冻，使聚合物溶液发生相分离，真空冷冻干燥去除有机溶剂后，在水中浸取出致孔剂，获得多孔支架。

三、实验仪器及试剂

实验仪器：锥形瓶，离心管，烧杯，振荡器。
实验试剂：聚丙交酯乙交酯（PLGA），氯仿，明胶微球，乙醇，蒸馏水。

四、实验步骤

（1）致孔剂法制备PLGA多孔支架：

1）配制10%的PLGA氯仿溶液2mL，加入2g致孔剂明胶微球，混合均匀后倒入模具制备样品；

2）将上述溶液和模具放入－18℃的冰箱中12h进行相分离，然后将样品脱模后放于无水乙醇（－18℃下预冷2h）中进行溶剂置换12h；

3）之后将样品放入37℃蒸馏水中浸泡24h以溶去致孔剂明胶微球，每隔6h换水；

4）溶去明胶微球后的样品在室温下真空干燥24h，去除残余的氯仿溶剂，最终获得

PLGA多孔支架材料。

（2）PLGA多孔支架的形貌表征。制得的PLGA多孔支架冻干，截面喷金，在扫描电镜下观察材料的表面形貌及其孔之间贯通情况。

五、实验结果与处理

（1）PLGA多孔支架形貌：__________；孔隙率：__________。

（2）孔之间贯通情况：__________。

六、复习思考题

（1）致孔剂法制备多孔支架材料的原理是什么？

（2）影响PLGA多孔支架材料孔隙率及贯通的因素有哪些？

实验31 新型壳聚糖原位水凝胶的合成

一、实验目的

(1) 了解迈克尔加成反应的原理。

(2) 掌握通过迈克尔加成反应制备壳聚糖原位水凝胶的方法及特点。

二、实验原理

壳聚糖（CS）是甲壳素的脱乙酰化产物，是自然界中唯一的碱性多糖。它是一种资源丰富的天然高分子化合物，因其不仅具有良好的生物相容性、可降解性、低毒性，而且还具有消炎、抗菌、止血、抑制癌细胞转移等大多数聚合物所不具有的功能，使壳聚糖及其衍生物成为了生物材料的热点，应用研究非常广泛。

通过化学交联的壳聚糖水凝胶一般使用醛类、环氧氯丙烷及三聚磷酸钠等交联剂，在制备过程中，残留的单体、未参加反应的交联剂不能很好地除去。近年来除了光交联，另一种新型的交联方式为原位交联制备水凝胶，交联机理一般使用迈克尔加成、希夫碱反应等。

本实验就是以壳聚糖衍生物巯基化壳聚糖和丙烯酸酯封端的聚乙二醇（PEG）为反应单体，利用壳聚糖上的巯基和丙烯酸酯基团的迈克尔加成反应形成网络结构水凝胶。迈克尔加成反应是亲核试剂与α，β-不饱和羰基等化合物之间发生的加成反应。以巯基作为亲核试剂的迈克尔加成反应可在人体生理温度与pH值条件下快速进行，具有高度的化学选择性并且不产生任何有害的毒副产物，是医用可注射材料最为理想的化学交联反应。

三、实验仪器及试剂

实验仪器：水浴，试管，烧杯，振荡器。

实验试剂：巯基化壳聚糖，聚乙二醇二甲基丙烯酸酯（PEGDMA），磷酸盐缓冲溶液。

四、实验步骤

(1) 分别配制10%的巯基化壳聚糖和PEGDMA的磷酸盐缓冲溶液（pH = 7.4，100mmol/L）。

(2) 按照摩尔比为1∶1的比例将上述两种溶液在试管中进行混合，搅拌均匀。

(3) 将试管置于37℃的恒温振荡器中生成水凝胶，测定其凝胶化时间。判定凝胶时间时，翻转试管后溶液若不具有流动性，就判断其生成凝胶。

(4) 水凝胶溶胀性能测定。将已充分干燥后的水凝胶块称重W_1，之后在37℃下pH = 7.4、100mmol/L的磷酸盐缓冲溶液中吸水溶胀，直至恒重W_2。水凝胶溶胀率计算公式为：

$$溶胀率(100\%) = W_2/W_1 \times 100\%$$

五、实验结果与处理

（1）水凝胶凝胶时间为：__________。

（2）水凝胶初始质量 W_1：__________；溶胀后质量 W_2：__________；水凝胶溶胀率：__________。

六、注意事项

（1）水溶液状态下的巯基在空气中极易氧化成双硫键，进而交联形成水凝胶，因此在实验过程中巯基化壳聚糖溶液应现配现用，以防氧化自身成胶。

（2）两种反应单体的质量比对交联反应程度有一定影响，因此可以根据所需水凝胶的性质要求设置反应单体配比。

七、复习思考题

（1）迈克尔加成反应的原理是什么？

（2）迈克尔加成反应过程中，两种反应单体的质量比应该如何确定？

实验 32　环保型氯丁胶黏剂的合成工艺

一、实验目的

（1）了解氯丁胶黏剂的性质及应用前景。

（2）掌握氯丁胶黏剂的合成工艺及其环保化研究。

二、实验原理

随着现代工业和科学技术的发展，以橡胶为基体的胶黏剂已得到广泛的应用。在橡胶基胶黏剂中，氯丁胶黏剂是性能优异、价格低廉、广谱高效的橡胶型胶黏剂，因其初黏力很大、强度建立快、黏结强度高、综合性能好、适用范围广、使用简便等优点，能够黏结橡胶、塑料、皮革、人造革、织物、泡沫、玻璃、混凝土、木材、金属等多种材料。因此，氯丁胶黏剂也有“万能胶”之称，是性能优异的橡胶型胶黏剂。

然而传统的溶剂型氯丁胶黏剂中苯类溶剂用得较多，其操作过程和使用中都对人体健康和生态环境造成了严重的危害。随着人类环保意识的不断增强和国家环保法规的不断完善，氯丁胶黏剂的环保化研究引起了较多研究者的注意。

本实验通过溶剂的替换来实现氯丁胶黏剂的环保化。环保型氯丁胶黏剂不能使用苯类和含苯类及氯化溶剂，而无毒害的溶剂单独都不能溶解氯丁橡胶，若将几种溶剂经适当比例配合组成混合溶剂，便能溶解氯丁橡胶，制得环保型氯丁胶黏剂，并有较好的储存和低温稳定性。

实验中使用120号汽油、乙酸乙酯、丙酮的混合溶剂代替苯类溶剂，首先使叔丁基酚醛树脂与轻质 MgO 预先发生螯合反应制得预反应液，再将其与氯丁混炼胶一起溶于混合溶剂中，从而制得环保溶剂型氯丁胶黏剂。

三、实验仪器及试剂

实验仪器：混炼机，磁力搅拌器，搅拌棒。

实验试剂：氯丁橡胶（CR244），叔丁基酚醛树脂（2402），轻质氧化镁（MgO），防老剂264，120号汽油，丙酮，乙酸乙酯。

四、实验步骤

（1）混合溶剂的配制。配制一定量的混合溶剂，其中各溶剂质量比为：120号汽油∶乙酸乙酯∶丙酮 = 4∶7∶4。

（2）预反应液的制备。首先将一些轻质氧化镁置于烘箱中烘一定时间。取50g上述混合溶剂与2g氧化镁在机械搅拌下匀速搅拌10min，之后加入12.5g叔丁基酚醛树脂2402，到完全溶解。溶解后加催化剂水（半滴），于室温下搅拌进行预反应7h，完成螯合反应，得到预反应液。

（3）炼胶。把称好的氯丁橡胶（50g）在烘箱里烘 10min，温度为 100℃。之后把烘好的氯丁橡胶在开放式炼胶机上塑炼几次后，按顺序加入稳定剂氧化镁（2.5g）、防老剂 264（1g）。混炼总时间为 20min，此时胶料已混炼均匀，轧成薄片，剪成小块备用。

（4）氯丁胶黏剂的制备。将混炼后的氯丁橡胶 26.75g 与步骤（2）制得的预反应液 50g 一起加入步骤（1）配制的混合溶剂 75g 中，在 31℃下进行搅拌溶解，即制得环保溶剂型氯丁胶黏剂。

五、实验结果及分析

（1）预反应液的外观为：__________。

（2）制得的氯丁胶黏剂黏度：__________。

六、注意事项

（1）氧化镁易吸潮，很容易结块，因此实验前将氧化镁置于烘箱烘一定时间。

（2）CR244 型氯丁橡胶属快速结晶型，炼胶前必须要解结晶，实验前应在烘箱里高温烘一定时间。

七、复习思考题

（1）在制备预反应液时为什么会出现分层现象？

（2）制备氯丁胶黏剂的步骤是什么？

（3）本实验中氯丁胶黏剂的环保化是如何实现的？

实验 33　水热法制备棒状羟基磷灰石纳米粒子

一、实验目的

（1）了解水热反应的原理与方法。
（2）掌握羟基磷灰石纳米粒子形貌控制的条件参数。
（3）熟悉过滤、沉淀、离心等操作。
（4）了解 X 射线衍射、红外光谱和透射电镜等表征纳米粒子的方法。

二、实验原理

水热反应过程是指在一定的温度和压力下，在水、水溶液或蒸汽等流体中所进行有关化学反应的总称。按水热反应的温度进行分类，可以分为亚临界反应和超临界反应，前者反应温度在 100 ~ 240℃之间，适于工业或实验室操作；后者实验温度已高达 1000℃，压强高达 0. 3GPa，是利用作为反应介质的水在超临界状态下的性质和反应物质在高温高压水热条件下的特殊性质进行合成反应。在水热条件下，水可以作为一种化学组分起作用并参加反应，既是溶剂又是矿化剂，同时还可作为压力传递介质；通过参加渗析反应和控制物理化学因素等，实现无机化合物的形成和改性，既可制备单组分微小晶体，又可制备双组分或多组分的特殊化合物粉末。克服某些高温制备不可避免的硬团聚等，其具有粉末细（纳米级）、纯度高、分散性好、均匀、分布窄、无团聚、晶型好、形状可控和利于环境净化等特点。

本实验以十六烷基三甲基溴化铵（CTAB）为表面活性剂，利用模板技术与水热反应结合合成棒状纳米羟基磷灰石，通过控制反应温度、pH 值、反应时间和 CTAB 的浓度并添加柠檬酸作为螯合剂等工艺条件，可以实现纳米羟基磷灰石粒径大小和形貌的可控生长。

CTAB 作为形貌控制的表面活性剂其机理如图 33-1 所示。CTAB 在溶液中完全离子化后会形成阳离子四面体，而磷酸根也会形成一种四面体结构。因此，CTAB 能够与磷酸根通过电荷和空间作用结合。CTAB-PO_4^{3-} 会形成一种棒状的胶束，磷酸根处于其表面，当 Ca^{2+} 加入到溶液中，胶束作为成核位点，首先会在胶束表面形成棒状 $Ca_9(PO_4)_6$。在水热过程中，受 CTAB 的控制，HA 会形成粒径、形貌可控的粒子。

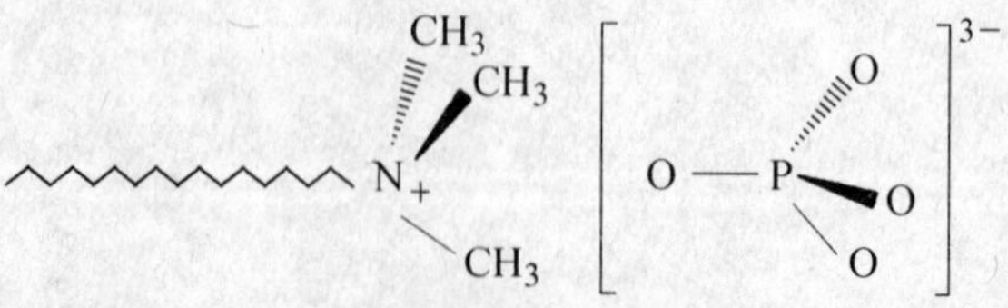

图 33-1　CTAB 和磷酸根的立体互补结构示意图

用透射电镜、红外光谱仪和 X 射线衍射仪等对粉体进行表征，可分析其粒度、物相和结晶度。

三、实验仪器及试剂

实验仪器：水热反应釜（聚四氟乙烯为衬底），烘箱，离心机，傅里叶红外光谱仪，X射线衍射仪，透射电镜。

实验试剂：无水氯化钙（$CaCl_2$），磷酸氢二钾（$K_2HPO_4 \cdot 3H_2O$），氢氧化钾（KOH），十六烷基三甲基溴化铵（CTAB），无水乙醇，试剂均为分析纯；自制超纯水（电阻率不小于18.2MΩ·cm）。

四、实验步骤

（1）称取0.024mol的$K_2HPO_4 \cdot 3H_2O$和0.024mol的CTAB完全溶解于100mL 50℃纯水中，用1mol/L的KOH将溶液pH值调到12，持续搅拌2h确保螯合反应完全。

（2）配制60mL 0.04mol/L的$CaCl_2$溶液，并将$CaCl_2$缓慢地滴至上述混合溶液中，并保持磁力搅拌器持续搅拌。

（3）将得到的乳白色料浆转移至水热反应釜中，并密封反应釜。将反应釜转移至烘箱并加热到120℃，保温20h。

（4）将得到的白色浆料用乙醇过滤洗涤3次，然后采用纯水洗涤3次，确保去除CTAB、K^+和Cl^-等杂质离子。

（5）将凝胶状的产物于70℃烘干24h，得到白色粉末。

（6）用X射线衍射仪和和红外测定产物相，用透射电镜直接观察样品粒子的尺寸和形貌。

五、复习思考题

（1）制备纳米颗粒的方法都有哪些，各有何优缺点？

（2）本实验中添加CTAB的目的是什么？

（3）如何检验颗粒是否呈棒状？

实验34　羟基磷灰石球珠的制备

一、实验目的

（1）了解球形材料的制备方法。
（2）掌握羟基磷灰石球珠的生产工艺。
（3）熟悉过滤、洗涤、干燥等操作。
（4）了解X射线衍射、扫描电镜表征材料的方法。

二、实验原理

球珠状的羟基磷灰石可以作为骨填充和修复材料，适当大小的球珠还可以作为人工眼球。本实验通过低温快速冷冻成型的方法，制备球珠状的羟基磷灰石骨填充材料。陶瓷浆料与一定比例的PVA等高分子均匀混合，通过挤出作用，浆料在重力和表面张力的作用下会形成球状。将挤出的球状浆料在液氮低温下快速冷冻成型，再通过冷冻干燥的方法去除坯体里面的水分可以保持陶瓷坯体的球状结构。再在高温下烧掉有机物即可得到球珠状羟基磷灰石。

通过扫描电镜和X射线衍射对羟基灰石球珠的表面结构和化学组成进行表征。

三、实验仪器及试剂

实验仪器：2L烧杯，液氮罐，电子天平，搅拌器，超声波清洗器，烘箱，冷冻干燥机，X射线衍射仪，扫描电镜。

实验试剂：羟基磷灰石粉料（hydroxyaptite，HA），PVA，去离子水，液氮。

四、实验步骤

（1）称取20g HA粉料，加入20mL 5%的PVA溶液，持续搅拌30min，再超声15min，使之混合均匀。

（2）在2L烧杯中加入500mL液氮，将混合好的HA浆料滴入液氮中。待液氮挥发后收集冰冻球珠，并立即转入冷冻干燥机。

（3）－50℃冷冻干燥48h后取出干燥好的坯体。

（4）以1℃/min的升温速率升至600℃保温2h，然后以5℃/min速率升至1100℃保温2h，然后随炉降温至室温。

（5）用X射线衍射仪测定产物相，用扫描电镜直接观察样品表面形貌。

五、复习思考题

（1）如何控制球珠直径大小？
（2）冷冻干燥的目的是什么？

实验 35　试剂盒的方法测定磷酸钙陶瓷材料 Ca^{2+} 释放浓度

一、实验目的

（1）了解陶瓷材料降解性质。

（2）掌握试剂盒测定钙离子浓度的方法。

二、实验原理

陶瓷样品中溶出的钙离子在碱性溶液中与甲基百里香（MB）结合，生成蓝色络合物；通过比色与同样处理的钙标准液进行比较，可计算出样本中钙的含量。

三、实验仪器及试剂

实验仪器：烘箱，恒温摇床，酶标仪，分析计算机，移液枪，去离子水。

实验试剂：钙测定试剂盒（以南京建成微板法 Ca 试剂盒为例），陶瓷圆片，磷酸盐缓冲溶液（PBS），96 孔微孔板，24 孔培养板，Tris-HCl 缓冲液（pH = 7.4）。

试剂盒的组成见表 35-1。

表 35-1　试剂盒的组成

试剂盒（96 孔板）	规　格	组　分	保　存
试剂一	10mL × 1 瓶	MTB 试剂	4℃避光保存 6 个月
试剂二	20mL × 1 瓶	碱性溶液	室温保存 6 个月
试剂三	1mL × 1 瓶	蛋白澄清液	室温保存 6 个月
试剂四	1mL × 1 支	2.5mmol/L 钙标准液	4℃避光保存 6 个月

四、实验步骤

（1）样本试剂的获取：

1）本实验测定的磷酸钙多孔陶瓷材料预先被切割成大小均一的片状材料（ϕ13mm × 2mm），超声波洗涤 15min，重复 3 次，80℃过夜烘干。

2）将片状材料加入到 24 孔板中，每一种样品放入 3 个平行样，向每一个孔加入 2mL Tris-HCl 溶液，并放入 37℃恒温摇床。

3）在 1h、4h、7h、12h、24h、48h、72h，分别用移液枪抽取孔板里面的溶液 60μL 放入离心管，同时还需补充 60μL 的 PBS 溶液。将取得的样本放入冰箱 -40℃冷冻，待样本收集完成后解冻。

（2）1mmol/L 钙标准液以及工作液 Ⅰ 的配制（参考试剂盒说明书）。1mmol/L 钙标准液的配制：用去离子水将 2.5mmol/L 钙标准液进行 2.5 倍稀释（即 2∶3 稀释）。工作液 Ⅰ

的配制：试剂一：试剂二 ＝1：2 的比例进行配制，现用现配（参考试剂盒说明书）。

（3）将去离子水、1mmol/L 钙标准液、样本试剂、工作液 I 用移液枪按表 35-2 内的量加入到准备好的 96 孔微孔板中。

表 35-2　实验数据记录　（μL）

溶　液	空白孔	标准孔	测定孔
去离子水	10		
1mmol/L 钙标准液		10	
样本试剂			10
工作液 I	250	250	250

（4）将 96 孔微孔板内的溶液混匀，静置 5min。

（5）将酶标仪和分析计算机打开，然后将 96 孔微孔板放入酶标仪内，将分析程序里面的吸收波长参数设定为 610nm，酶标仪比色，测各孔的 OD 值。

（6）样品中钙含量按下式计算：

样品中钙含量(mmol/L) = (测定孔吸光度 − 空白孔吸光度)/(标准孔吸光度 − 空白孔吸光度) × 标准品浓度(1mmol/L) × 样本测试前稀释倍数

五、复习思考题

（1）陶瓷样本溶出钙离子浓度曲线可以分为几个阶段，说明什么？

（2）酶标仪的工作原理是什么？

实验36 TiO_2 纳米粉体的制备与表征

一、实验目的

（1）了解 TiO_2 纳米粉体液相制备的常用方法。

（2）掌握溶胶-凝胶法制备粉体的过程及表征方法。

二、实验原理

纳米粉体是指粒径为1～100nm的微小固体颗粒。随着物质的超细化，其表面原子结构和晶体结构发生变化，产生了块状材料所不具有的表面效应、体积效应、量子尺寸效应和宏观量子隧道效应，与常规颗粒材料相比纳米粉体具有一系列优异的物理、化学性质。纳米 TiO_2 由于其在精细陶瓷、屏蔽紫外线、半导体材料、光催化材料等方面的广泛应用，近年来备受人们关注，已成为超细无机粉体合成的一个热点。纳米 TiO_2 的制备方法主要有：

溶胶-凝胶法是20世纪80年代兴起的一种制备纳米粉体的湿化学方法。以钛醇盐或钛的无机盐为原料，经水解和缩聚得溶胶，再进一步缩聚得凝胶，凝胶经干燥、煅烧得到纳米 TiO_2 粒子（见图36-1）。该法制得的 TiO_2 粉体分布均匀、分散性好、纯度高、煅烧温度低、反应易控制、副反应少、工艺操作简单，但原料成本较高，凝胶颗粒之间烧结性差，干燥时收缩大，易造成纳米 TiO_2 颗粒间的团聚。

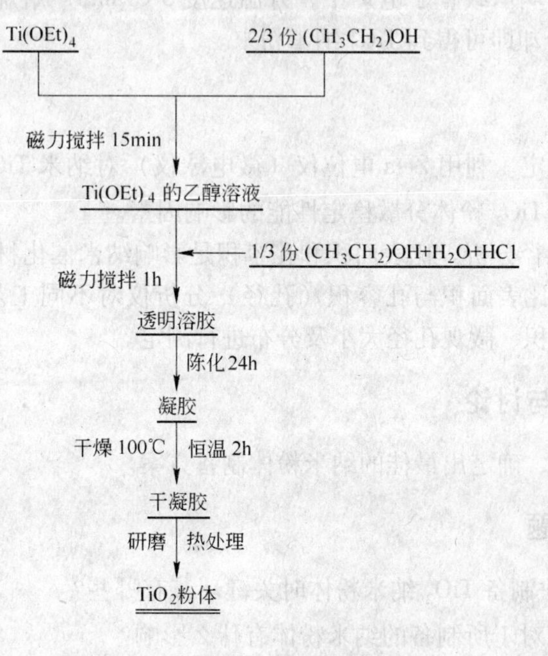

图36-1 溶胶-凝胶法工艺流程

三、实验仪器及试剂

实验仪器：比表面积孔径分析仪，微电泳仪，磁力搅拌器，水热反应釜，干燥箱，箱式电阻炉，烧杯，量筒，培养皿，表面皿。

实验试剂：钛酸四丁酯，十六烷基三甲基溴化铵，盐酸，无水乙醇，氢氧化钠。

四、实验步骤

本实验以钛酸四丁酯($Ti(OEt)_4$)为 TiO_2 的前驱体，乙醇（C_2H_5OH）为溶剂，盐酸（HCl）为抑制剂制备 TiO_2 纳米粉末。溶胶过程均在室温下进行，具体步骤如下：

（1）取 TiO_2 的前驱体钛酸丁酯($Ti(OEt)_4$)为0.01mol，根据 $Ti(OEt)_4 : CH_3CH_2OH : H_2O : HCl = 1:20:1:0.1$ 的摩尔比计算各试剂用量，记入表36-1。

表36-1 溶胶-凝胶法中各试剂用量

试剂种类	所需物质的量/mol	摩尔质量/g·mol^{-1}	密度/g·mL^{-1}	所需体积/mL
$Ti(OEt)_4$	0.01	340.36	1.0	
CH_3CH_2OH	0.2	46.07	0.79	
H_2O	0.01	18	1.0	
HCl	0.001	36.5	1.18	

（2）制备 TiO_2 溶胶。取2/3份$(CH_3CH_2)OH$置于烧杯中，将 $Ti(OEt)_4$ 倒入其中并磁力搅拌15min形成 $Ti(OEt)_4$ 的乙醇溶液；再将剩余的1/3份$(CH_3CH_2)OH$、H_2O 和 HCl 慢慢滴加，磁力搅拌1h后可形成透明的浅黄色溶胶。

（3）将溶胶倒入培养皿中，室温下陈化约24h即可转变为透明凝胶。

（4）将凝胶置于干燥箱中以100°C干燥2h。取出后用玛瑙研钵研碎。

（5）将粉末以坩埚承载置于电炉中，升温速度5℃/min，焙烧温度为500℃，保温时间为0.5h，取出后冷却即可得到 TiO_2 纳米粉末。

五、分析测试

（1）Zeta电位测定。利用Zeta电位仪（微电泳仪）对纳米 TiO_2 粉体的分散性能进行分析测试，探讨纳米 TiO_2 粉体分散稳定性能的影响因素。

（2）比表面积孔径分析。比表面积和孔容积是影响纳米催化材料催化性能的最重要的参数之一。实验利用比表面积与孔容积（孔径）分析仪对不同工艺制备出 TiO_2 纳米粉体进行比表面积、孔容积、微观孔径大小及分布进行测定。

六、实验结果与讨论

通过对比、分析，确定出最佳的纳米粉体制备方案。

七、复习思考题

（1）溶胶-凝胶法制备 TiO_2 纳米粉体时关键环节有哪些？

（2）热处理温度对于所制备的纳米粉体有什么影响？

实验 37 硅纳米微球的制备

一、实验目的

(1) 了解硅纳米微球 (MSN) 制备的常用方法。

(2) 掌握水解法制备硅纳米微球材料的过程及表征方法。

二、实验原理

酸和碱都可以催化硅烷试剂 (TEOS) 的水解，但水解得到的凝胶产物略有不同，用化学反应方程式无法表达反应产物的差异。

酸催化是 H(+)发生亲电反应，H(+)会选择性地进攻富电子的 O，由于烷基的供电子作用，即作用到 Si-O-C_2H_5 中的 O 上，水解后得到 Si-OH，再通过脱水缩合时易得到链状结构的凝胶。

碱催化是 OH(-)发生的亲核反应，进攻缺电子的 Si，由于烷基具有供电子作用，因为烷氧基多的 Si 正电荷少，不易受到进攻，所以往往是进攻烷氧基少的 Si，即如 Si-O-Si-O-Si 中的中心 Si 更易受到进攻，那得到的就是三维网络结构的凝胶。想得到什么性质的凝胶，就用什么方式去水解。

本实验中，通过碱催化 TEOS 的方法，并加入十六烷基三甲基溴化铵 (CTAB) 形成胶束，控制着产物形貌，得到微球形貌的产物。

三、实验仪器及试剂

实验仪器：磁力加热搅拌器，电子天平，温度计，pH 计 (pH 试纸)，恒温干燥箱，马弗炉，TEM，XRD，量筒，烧杯。

实验试剂：硅烷试剂 (TEOS)，氨水，浓盐酸，二次蒸馏水，无水乙醇，十六烷基三甲基溴化铵 (CTAB)。

四、实验步骤

(1) 量取 500mL 纯水，加入 26.4mL 29% 的氨水，调节 pH 值在 11 左右。将混合溶液加热至 50℃。

(2) 在上述溶液加入 560mg 的 CTAB，磁力搅拌并等待溶液体系稳定 (30min 左右)。高速搅拌下滴加入 2.9mL 硅烷试剂 (TEOS)，保持 50℃并搅拌 2h。

(3) 离心纯化。用水和乙醇各清洗 5 遍 (离心—分散—离心 5 遍)。然后将所得白色粉末超声分散在 200mL 乙醇里，加入 5mL 盐酸，70℃下搅拌回流 36h 以除去表面活性剂模板。

(4) 用乙醇重复离心—分散—离心 5 遍。在 45℃真空烘箱过夜可得白色 MSN 粉末。

(5) 样品表征：使用 XRD 表征硅纳米微球的相成分；采用 TEM 表征纳米微球的形貌。

五、复习思考题

（1）水解法制备硅纳米微球的关键环节有哪些？
（2）实验过程中加氨水和盐酸的目的是什么？
（3）实验过程中加 CTAB 的目的是什么？

实验38　超顺磁性 Fe_3O_4 纳米粒子的制备

一、实验目的

（1）了解超顺磁性纳米粒子在生物学中的应用。

（2）掌握超顺磁纳米 Fe_3O_4 制备过程及表征方法。

二、实验原理

如果磁性材料是单畴颗粒的集合体，对于每一个颗粒而言，由于磁性原子或离子之间的交换作用很强，磁矩之间将平行取向，而且磁矩取向在由磁晶各向异性所决定的易磁化方向上，但是颗粒与颗粒之间由于易磁化方向不同，磁矩的取向也就不同。如果进一步减小颗粒的尺寸即体积，因为总的磁晶各向异性能正比于 K_1V，热扰动能正比于 kT（K_1 是磁晶各向异性常数，V 是颗粒体积，k 是玻耳兹曼常数，T 是样品的绝对温度），颗粒体积减小到某一数值时，热扰动能将与总的磁晶各向异性能相当，这样，颗粒内的磁矩方向就可能随着时间的推移，整体保持平行地在一个易磁化方向和另一个易磁化方向之间反复变化。从单畴颗粒集合体看，不同颗粒的磁矩取向每时每刻都在变换方向，这种磁性的特点和正常顺磁性的情况很相似，但是也不尽相同。因为在正常顺磁体中，每个原子或离子的磁矩只有几个玻尔磁子，但是对于直径5nm的特定球形颗粒集合体而言，每个颗粒可能包含了5000个以上的原子，颗粒的总磁矩有可能大于10000个玻尔磁子。所以把单畴颗粒集合体的这种磁性称为超顺磁性。

四氧化三铁的超顺磁性临界尺寸在25nm左右，30nm的小粒子显铁磁性再正常不过了。另外，超顺磁性和铁磁性的纳米粒子都能被磁场吸引，并且粒子的自发磁化方向都会与外磁场方向平行。当外磁场撤去时，超顺磁性纳米粒子的磁矩由于热扰动的影响，方向不固定，因而宏观剩余磁化强度为零，矫顽力为零，所以容易在液相中分散，适合应用于生物等领域；而铁磁性纳米粒子还存在自发磁化现象，磁矩的排列固定，剩余磁化强度大于零，因此铁磁性纳米粒子容易团聚，不适用于生物学，比较有希望的应用是高密度磁存储介质。

本实验通过下述方法制备磁性纳米粒子：

$$FeCl_2(1mol) + FeCl_3(2mol) \longrightarrow Fe_3O_4 \xrightarrow{氧化} \gamma\text{-}Fe_2O_3$$

三、实验仪器及试剂

实验仪器：磁力加热搅拌器，电子天平，温度计，pH计（pH试纸），恒温干燥箱，马弗炉，TEM，XRD，量筒，烧杯。

实验试剂：$FeCl_2$，$FeCl_3$，浓盐酸，NaOH，二次蒸馏水，无水乙醇。

四、实验步骤

(1) 按Fe(Ⅰ)/Fe(Ⅱ)=0.5配制$FeCl_2$和$FeCl_3$溶液，将溶液pH值调至11~12。将0.85mL 12.1mol/L的HCl和25mL脱氧的超纯水（电阻率17.8MΩ·cm）通入氮气30min。将5.2g $FeCl_2$和2.0$FeCl_3$溶于上述溶液，并持续搅拌。

(2) 将混合溶液滴加到250mL浓度为1.5mol/L的NaOH溶液中，并剧烈搅拌。这一步会得到黑色沉淀，可用磁力搅拌子原位检测是否是磁性Fe_3O_4。

(3) 采用除氧超纯水离心洗涤沉淀，离心转速4000r/min。重复离心洗涤3次后，将500mL 0.01mol/L HCl加入到上述沉淀中和粒子表面的负电荷，通过4000r/min分离阳离子胶体粒子，并且加入超纯水重新得到阳离子胶体。最后得到澄清透明的阳离子胶体。

(4) 样品表征：使用XRD表征Fe_3O_4纳米粒子的相成分；采用TEM表征纳米粒子的形貌；测定其磁化曲线。

五、复习思考题

(1) 超顺磁性纳米粒子有哪些应用?

(2) 纳米磁性粒子粒径如何控制?

实验 39　碳纳米管的修饰改性及表征

一、实验目的

（1）了解碳纳米管的各项性质。

（2）掌握碳纳米管的改性方法及其表征手段。

二、实验原理

碳纳米管（CNTs）自 1991 年被 Iijima 发现以来得到了广泛的研究。碳纳米管的独特结构和性能，使其在催化剂载体、传感器、电子器件、储存和释放体系、复合材料增强相等诸多方面均有着潜在的应用。通过将 CNTs 与高分子材料复合改善基体的电学、力学和热学等性能的研究非常活跃，已取得了一定进展。但由于 CNTs 长径比和表面能较大，管与管之间由于范德华力的作用极易发生团聚现象，影响其在高分子材料中的均匀分散。另外，CNTs 表面几乎没有悬挂键，很难与基体键合，影响其与基体的相互作用，因此 CNTs 与高分子基体复合制备的复合材料往往达不到理想的性能。为了解决 CNTs 在基体中的分散及与基体的界面相互作用通常需要对 CNTs 表面进行修饰和改性。主要是通过在 CNTs 表面引入功能性基团来降低 CNTs 管间的范德华相互作用，降低 CNTs 的表面能，提高其与基体的亲和性。

常见的修饰方法为共价功能化修饰，即通过化学键在 CNTs 表面接枝小分子或大分子物质，利用碳纳米管表面的羧基或羟基进行酰胺化或酯化反应以接上功能基团，从而改善碳纳米管与聚合物的相容性及在聚合物中的分散状况。共价功能化可以分为“grafting from”和“grafting to”两种方式。

多面体笼型倍半硅氧烷（POSS）是一种分子级的有机/无机杂化材料，具有 Si-O-Si 纳米结构的六面体无机框架核心，外围由有机基团所包围，它的三维尺寸约为 1～3nm，具有纳米尺寸效应，具有很好的热稳定性。

本实验采用共价键改性中的“grafting to”方式，将性能优良、结构可设计且高反应性的笼型倍半硅氧烷（POSS）接枝到 CNTs 表面。

三、实验仪器及试剂

实验仪器：量筒，烧杯，磁力加热搅拌器，电子天平，温度计，恒温干燥箱，超声波细胞粉碎机，傅里叶变换红外光谱仪（FT-IR）。

实验试剂：酸化碳纳米管（CNTs），笼型倍半硅氧烷（POSS），亚硫酰氯（$SOCl_2$），四氢呋喃，氯仿（$CHCl_3$）。

四、实验步骤

（1）CNTs-POSS 的制备。称取一定量羧基化碳纳米管（CNTs-COOH）于烧杯中，加入过量的亚硫酰氯（$SOCl_2$），在 70℃水浴下搅拌反应 24h，之后通过减压蒸馏将未反应的

$SOCl_2$ 除去，得到 CNTs-COCl。将上述制得的 CNTs-COCl 溶解在氯仿溶液中，超声分散 20min。向实验装置中通入 N_2，排出瓶内空气，之后加入笼型倍半硅氧烷（POSS），70℃下搅拌继续反应 72h（反应过程中持续通入 N_2）。反应结束后进行抽滤，将所得固体样品置于 60℃下真空烘箱干燥。CNTs-POSS 制备流程如图 39-1 所示。

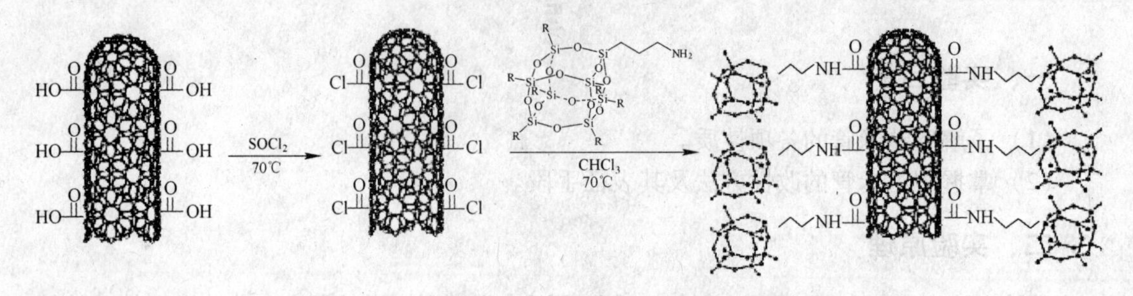

图 39-1　CNTs-POSS 制备流程

（2）CNTs-POSS 粒子的抽提实验。取一定量的修饰好的 CNTs-POSS 粒子在索氏提取器中，分别用 150mL 的热四氢呋喃抽提 48h，将抽提后的剩余粉末真空烘干，备用。

（3）CNTs-POSS 粒子的红外表征。为了表征 CNTs 的接枝改性效果，采用傅里叶变换红外光谱仪（FT-IR）对抽提后的 CNTs-POSS 粒子进行表征分析。分析是否有特征峰出现，表明其改性是否成功。

五、实验结果及分析

CNTs-POSS 粒子的红外结果分析为：__________。

六、复习思考题

（1）碳纳米管的性质有哪些？

（2）实验中对碳纳米管进行修饰改性的原因是什么？

（3）POSS 对碳纳米管改性原理是什么？

第三部分

综合实验

实验40 自组装单层膜技术合成 $BiFeO_3$ 图案化薄膜

一、实验目的

（1）了解 $BiFeO_3$ 的性质和应用前景。

（2）掌握自组装单层膜技术合成 $BiFeO_3$ 薄膜材料。

二、实验原理

铁磁电材料是一种因为电磁有序而导致铁电性和磁性共存并且具有磁电耦合性质的材料。铁电性和磁性的共存使得这种材料可由电场诱导产生磁化，同时磁场也可以诱发铁电极化，此性质被称为磁电效应。

铁酸铋（$BiFeO_3$）是一种在室温下同时具有铁电性和反铁磁性的铁磁电材料，其铁电居里温度为850℃，反铁磁性的尼尔温度为370℃。$BiFeO_3$ 具有简单钙钛矿结构，其中氧八面体绕体对角线轴转动一定的角度，形成一种偏离理想钙钛矿结构的斜六方体结构，$BiFeO_3$ 长程电有序和长程磁有序使其同时具有铁电性和反铁磁性，两者共存的特性在信息储存、自旋电子器件、磁传感器以及电容-电感一体化器件方面有极其重要的应用前景。

目前制备铁电薄膜的方法有多种，如脉冲激光沉积法、磁控溅射法、化学液相沉积法等。这些制备工艺通常设备较为复杂，需要严格的真空环境和工艺条件，成本昂贵，或是需要高温煅烧工艺处理，制备过程造成污染，都不能实现工艺简单、节约能源及环境友好的目标。自组装分子膜技术制备薄膜材料是利用其功能化表面为模板诱导无机物沉积，使可溶性的无机物前驱体结合到基底表面，促进无机物薄膜在表面成核和生长。该法是一种对环境友好的制模工艺。

本实验采用短波紫外光（UV）对十八烷基三氯硅烷（OTS）自组装单分子层（SAMs）进行刻蚀，利用化学液相法在 OTS-SAMs 表面制备出 $BiFeO_3$ 晶态薄膜（简称BFO）。

三、实验仪器及试剂

实验仪器：紫外光照射仪，接触角仪，X 射线衍射仪，扫描电镜，原子力显微镜（AFM）。

实验试剂：五水合硝酸铋（$Bi(NO_3)_3 \cdot 5H_2O$），九水硝酸铁（$Fe(NO_3)_3 \cdot 9H_2O$），冰乙酸，柠檬酸，无水乙醇，丙酮，十八烷基三氯硅烷（OTS，98%），甲苯（99.9%），基体材料为普通载玻片。

四、实验步骤

（1）自组装单层膜的制备。将玻璃基片置于紫外光照射仪中照射 30min，除去表面有机物后，在室温下放入含体积分数为 1% OTS 的甲苯溶液中浸泡，使基片表面生长 OTS 薄膜，并用氮气吹干。然后在紫外光（波长为 184nm）下照射 30min，使硅烷头基官能团发生羟基化转变形成 OTS-自组装单层膜（简称 OTS-SAMs）。

（2）$BiFeO_3$ 薄膜的制备。量取 48.5mL 蒸馏水，1.5mL 冰乙酸配成 50mL 溶液，向其中加入 0.24g$Bi(NO_3)_3 \cdot 5H_2O$ 和 0.20g $Fe(NO_3)_3 \cdot 9H_2O$ 搅拌溶解，然后加入 0.21g 柠檬酸搅拌 1h 后，配制成 $BiFeO_3$ 前驱液。将 OTS-SAMs 基片竖直置于配制好的前驱液中，在 70℃沉积 8h 制备 $BiFeO_3$ 薄膜。铁酸铋薄膜的生长首先是被沉积物质的原子与衬底的羟基键的键合；然后，通过沉积物质的表面吸附作用以二维扩展层状生长模式形成薄膜。对薄膜在 600℃退火处理 2h 并对薄膜进行测试。

（3）样品测试。采用接触角仪对前期处理的 OTS-SAMs 基片进行表面润湿性测定。用原子力显微镜观测 OTS-SAMs 的形貌。扫描电镜观测 $BiFeO_3$ 薄膜表面形貌及微观结构。

五、实验结果与处理

（1）OTS-SAMs 亲水性检测。紫外光照前，接触角为：__________；紫外光照后，接触角为：__________。

（2）AFM 观察 OTS-SAMs 结果。紫外光照前形貌：__________；紫外光照后形貌：__________。

（3）$BiFeO_3$ 薄膜的 SEM 分析结果。

六、复习思考题

（1）简述 SAMs 技术合成 $BiFeO_3$ 薄膜的原理。

（2）简述 $BiFeO_3$ 薄膜的应用前景。

实验41　光刻蚀法制备水凝胶微图案

一、实验目的

（1）了解光刻蚀法的原理及特点。

（2）掌握光刻蚀法制备水凝胶微图案的方法及步骤。

二、实验原理

光刻技术是微加工领域中最成功的一种技术之一。它是指通过紫外线、电子束、X射线、离子束等曝光源的照射或辐射，使光刻胶的溶解度发生变化，经过显影等过程，在光刻胶上形成微细图形。尺寸在100nm的图形可以应用先进的掩模板/光刻胶技术和深UV辐射技术来制作。光刻工艺就是选用一定曝光波长的光和适当的光刻胶，通过光刻掩模板在薄膜或衬底材料表面进行有选择性的曝光成像，从而获得所需的微细几何图形。

本实验采用光刻技术，通过光引发单体聚合，在硅烷化载玻片表面原位制备水凝胶微图案。该法简单易行，无需复杂的仪器设备和操作过程，且所制微图案具有较好的稳定性。

三、实验仪器及试剂

实验仪器：紫外光源，掩模。

实验试剂：丙烯酰胺（AAM），N,N-亚甲基双丙烯酰胺（BIS），聚乙二醇二丙烯酸酯（PEGDA）、光引发剂2,2-二甲氧基-2-苯基苯乙酮（DMAP），硅烷化试剂3-(三甲氧基甲硅烷基）丙基-甲基丙烯酸酯（TPM），醋酸，乙醇，1,2-丙二醇，N-甲基吡咯烷酮，丙酮，去离子水。

四、实验步骤

（1）玻片硅烷化。将醋酸（1μL/mL）和硅烷化试剂TPM（30μL/mL）溶入95%（体积分数）乙醇水溶液中，制得硅烷化反应液。将清洗干净的载玻片浸没于硅烷化反应液中孵育5min，用无水乙醇冲洗、吹干，于120℃脱水4h，制得表面疏水且富含双键基团的玻片。

（2）水凝胶反应液的配制。所用溶剂均为1,2-丙二醇/水溶液（体积比1/1），丙烯酰胺反应液中单体（AAM/BIS = 19/1）总量为5% ~8%（质量分数），PEGDA反应液中PEGDA含量为5% ~6%（体积分数）。将DMAP按240mg/mL溶于N-甲基吡咯烷酮，制得光引发剂储液，曝光前将其按25μL/mL配成光敏单体溶液。

（3）光刻蚀法制备水凝胶微图案。将两块经TPM处理的载玻片两端以聚四氟生料带隔开，形成高度约100μm的反应腔。通过毛细作用将光敏单体溶液注入其中，以紫外光透过掩模照射到反应液中，曝光数秒，在曝光区域，引发剂（DMAP）光解产生初级自由基，进而引发溶液中含双键单体以及玻片表面的双键基团发生自由基聚合反应，从而生成共价锚联于玻片表面的图案化水凝胶涂层。先后以丙酮及去离子水清洗玻片，去除未反应单体，制得水凝胶微图案化基片。

五、实验结果与处理

水凝胶微图案制备的影响因素有：单体种类、单体浓度及曝光时间、硅烷化质量。本实验中制得聚丙烯酰胺（PAAM，单体质量分数5% ~8%）和聚乙二醇（PEG，单体体积分数5% ~6%）水凝胶微图案，变化趋势为：__________。

六、复习思考题

（1）光刻蚀法的原理是什么？

（2）光刻蚀法制备水凝胶微图案的具体步骤是什么？

实验 42　静电纺丝工艺制备聚丙交酯-乙交酯纤维材料

一、实验目的

（1）掌握静电纺丝工艺的原理。
（2）熟悉静电纺丝装置。
（3）掌握静电纺丝制备聚丙交酯-乙交酯纤维材料的方法。

二、实验原理

静电纺丝法是一种获得微米及纳米级纤维的纺丝方法，所得纤维直径通常介于数十纳米至数微米之间，纤维无序堆砌形成无纺布，纤维膜比表面积大、孔隙率高且孔相互连通。具有这些优异特性的电纺纤维膜可在一定程度上仿生 ECM 的结构和生物学功能，为细胞的黏附、增殖和分化提供理想的微环境，以满足组织工程的要求，广泛地用于组织工程领域及药物释放载体领域。

静电纺丝装置如图 42-1 所示，原理为：当外加电场开始作用于毛细管顶端，聚合物熔体或溶液表面产生大量静电电荷。毛细管顶端液滴的表面张力受静电斥力削弱，被逐渐拉长形成带电锥体，即泰勒锥。当电场强度增大到特定临界值时，流体表面的电荷斥力大于表面张力，带电流体就会从泰勒锥的顶点喷射出来，形成带电射流。在喷射区带电射流将经历一个突然加速的过程，同时聚合物因溶剂挥发凝结或熔融体冷却固化形成聚合物纤维，并被高度拉伸而逐渐细化，最后沉积在接地收集板上。

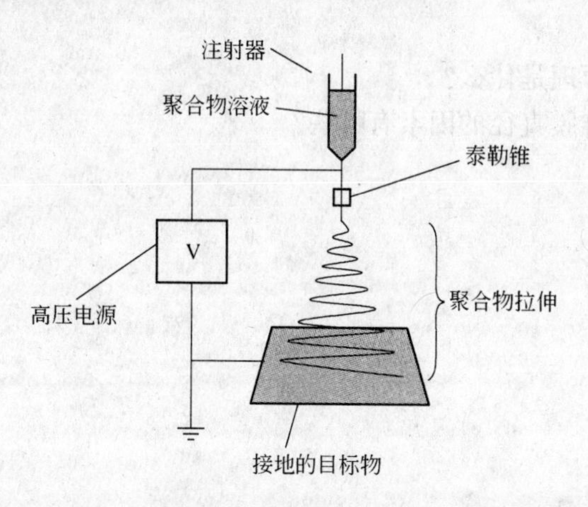

图 42-1　静电纺丝装置

聚丙交酯-乙交酯（PLGA）是由丙交酯（LA）与乙交酯（GA）共聚而得的聚酯类高聚物，具有良好的生物相容性和生物可降解性。本实验选用 PLGA 为聚合物，通过静电纺丝工艺制备纤维材料并对其形态直径进行分析。

三、实验仪器及试剂

实验仪器：静电纺丝装置，扫描电镜，真空烘箱。
实验试剂：聚丙交酯-乙交酯（PLGA），氯仿，三氟乙醇。

四、实验步骤

（1）PLGA 电纺膜的制备。首先，将一定量的 PLGA 溶解在氯仿/三氟乙醇（6/4）溶液中配成浓度为 12% 的溶液，在电压为 14kV、流速为 0.8mL/h、接收距离为 18cm 条件下进行电纺 2h，接收屏为长 6cm 的转鼓。电纺后将收集到转鼓的 PLGA 电纺膜置于烘箱中进行干燥。

（2）PLGA 电纺膜的 SEM 分析。PLGA 电纺纤维膜在通风橱放置一定时间后，使聚合物中残留的溶剂完全挥发。从转鼓取下电纺纤维膜，喷金后进行扫描电镜分析，观察其表面形态及纤维直径。

五、实验结果及分析

（1）PLGA 电纺纤维膜的形态：__________。
（2）PLGA 电纺纤维膜的直径：__________。

六、注意事项

（1）静电纺丝过程中，风会影响其成丝过程，因此应将静电纺丝装置置于密闭空间进行纺丝。
（2）湿度太大也会影响其纺丝过程，应通过除湿器等方式进行控制湿度。

七、复习思考题

（1）静电纺丝的原理是什么？
（2）影响电纺纤维膜直径的因素有哪些？

实验43　微波水热法制备 Fe_2O_3 超微粒子

一、实验目的

（1）了解微波水热合成的原理及方法。

（2）制备 Fe_2O_3 微粒。

二、实验原理

$FeCl_3$ 溶液与水反应生成 Fe_2O_3 是一个复杂的水解聚合及相转移、再结晶过程，反应式为：

$$x[Fe(H_2O)_6]^{3+} \longrightarrow Fe_x(OH)_y^{(3x-y)} \longrightarrow x[\alpha\text{-FeOOH}] \longrightarrow x/2[Fe_2O_3]$$

加入配合剂 TETA（三亚乙基四胺，$C_6H_{18}N_4$）与 Fe^{3+} 反应形成配合物，当 TETA 被—OH置换后转化为 $Fe(OH)_3$，再进一步转化为 Fe_2O_3。保持 Fe_2O_3 粒子直径在纳米级的关键在于防止粒子的团聚。TETA 在系统中，先作为配合剂与 Fe^{3+} 配合，后又作为表面活性剂（分散剂）分散系统中的粒子，防止粒子的团聚。

三、实验仪器及试剂

实验仪器：烘箱，微波炉，容量瓶（250mL），移液管（5mL、10mL），烧杯（250mL），温度计，搅拌棒，电子天平，磁铁，压力罐。

实验试剂：$FeCl_3$，稀 HCl（0.010mol/L），TETA（三亚乙基四胺，$C_6H_{18}N_4$）。

四、实验步骤

（1）配制 0.0100mol/L 稀 HCl 溶液 500mL。

（2）配制 0.0300mol/L 的 $FeCl_3$ 溶液。用电子天平准确称量计算量的 $FeCl_3$ 晶体，置于 50mL 小烧杯中，用 0.0100mol/L 稀 HCl 溶液配制 $FeCl_3$ 溶液 250mL。

（3）配制 0.0200mol/L 的 TETA 水溶液。

（4）10.00mL 移液管准确移取 10mL 的 $FeCl_3$ 溶液注入 50mL 的压力罐中（一定要洗干净并干燥）。

（5）用移液管分别取 5.00mL 的上述稀盐酸溶液和 5mL 的 TETA 水溶液注入同一压力罐中，混匀，将盖子放置于压力罐上（注意不要盖紧）。

（6）微波作用。将烧杯置于微波炉中，启动微波炉，先用高火加热 1min，再用低火加热 4min。

（7）陈化作用。将压力罐密封好放入烘箱中，110℃保温（时间不低于 8h）。

（8）取出压力罐，离心分离，沉淀用丙酮洗涤至中性，烘干粉末。

（9）样品表征：通过 FTIR 测定样品红外光谱。

五、复习思考题

（1）如果仅使用 $FeCl_3$ 溶液与水反应能否制得纳米粒子？
（2）如何判定 β-FeOOH 已经完全转化为 α-Fe_2O_3？

实验 44　溶胶-凝胶法制备 TiO_2 纳米薄膜材料

一、实验目的

（1）了解 TiO_2 纳米薄膜制备的常用方法。

（2）掌握溶胶-凝胶法制备薄膜材料的过程及表征方法。

二、实验原理

溶胶-凝胶法是以金属醇盐的水解和缩合反应为基础的，其反应过程可以用以下方程式表示。

金属醇盐 $M(OR)_n$ 溶于有机溶剂与水发生水解反应：

$$M(OR)_n + xH_2O \longrightarrow M(OH)_x(OR)_{n-x} + xROH$$

此反应可持续进行下去，直到生成 $M(OH)_n$。同时也发生金属醇盐的缩聚反应，分为失水缩聚和失醇缩聚：

$$—M—OH + OH—M— \longrightarrow —M—O—M— + H_2O \quad (失水缩聚)$$

$$—M—OR + OH—M— \longrightarrow —M—O—M— + ROH \quad (失醇缩聚)$$

由于—M—O—M—桥氧键的形成，使得相邻两胶粒连在一起，这就是导致凝胶的胶粒间相互结合的机理。

三、实验仪器及试剂

实验仪器：磁力加热搅拌器，电子天平，温度计，pH 计（pH 试纸），恒温干燥箱，马弗炉，径直提拉制膜装置（如果没有手工也可以），XRD，量筒，烧杯，普通玻璃片（作为 TiO_2 基体）等。

实验试剂：钛酸丁酯（化学纯），冰醋酸，浓盐酸，二次蒸馏水，无水乙醇。

四、实验步骤

（一）实验预处理

采用普通玻璃作为制备 TiO_2 薄膜的基体，需要保证玻璃表面洁净，否则，经热处理后得不到均匀连续的 TiO_2 膜。基片清洗过程一般为：首先取出玻璃先用自来水清洗几遍，然后用二次蒸馏水清洗几遍，最后将玻璃片用无水乙醇清洗，干燥即可。烧杯、量筒等容器用蒸馏水洗净、烘干后备用。

（二）实验具体步骤

（1）精确称取 11.35g 钛酸丁酯，准确量取 3mL 冰醋酸和 12.60mL 无水乙醇。

（2）常温下将钛酸丁酯和冰醋酸加到无水乙醇烧杯中，快速搅拌 0.5h 使其均匀混合，得淡黄色透明混合溶液 A。

（3）量取 2.40mL H_2O（经二次蒸馏）和 4.80mL 无水乙醇配成的溶液，并向混合溶液中滴加浓盐酸，调 pH 值约为 1，充分搅拌得到均匀溶液 B。

（4）剧烈搅拌下将溶液 B 以约每分钟 12 滴的速率缓慢滴加到溶液 A 中，滴加完毕得到均匀透明的溶胶，缓慢将温度升至约 40℃，继续搅拌 3h 左右，通过溶剂慢慢挥发得半透明湿凝胶。

（三）TiO_2 薄膜的制备

采用浸渍提拉技术制备 TiO_2 薄膜的操作过程为：

（1）将处理过的洁净的玻璃基体浸入到已配制好的 TiO_2 溶胶中，均匀用力提拉得到 TiO_2 湿膜。

（2）将涂覆有湿膜的玻璃基底立即放入 300℃ 的马弗炉内干燥 10min，然后冷却至室温。

（3）将上述的提拉和干燥步骤重复操作数次，以达到所需的薄膜厚度后，将样品置于马弗炉随炉升温至 550℃ 然后保温 1h。热处理后，薄膜样品冷却至室温。

五、薄膜的测试及表征方法

（一）薄膜厚度计算

薄膜厚度可以通过重量法测定即称量镀膜前后基片的质量，计算出薄膜的质量增加量后，根据公式计算薄膜的厚度。计算公式如下：

$$H = \frac{m_2 - m_1}{\rho \times l \times w}$$

式中　H——膜厚；

m_1——镀膜前玻璃基体的质量；

m_2——镀膜后玻璃基体的质量；

ρ——TiO_2 的密度，3.899g/cm^3；

l——基片上膜的长度；

w——基片上膜的宽度。

（二）X 射线衍射

X 射线衍射（XRD）可以测定同一物质的不同物相，其基本原理是将待测样品的衍射图谱与标准单相物质对照，确定物质的物相。TiO_2 薄膜的物相通过采用 X 射线衍射仪对其进行鉴定和分析。X 射线衍射法可以根据特征峰的位置鉴定样品的物相，同时也可以分析出样品晶粒尺寸和大小。依据所测样品 XRD 衍射图，根据 Scherrer 公式，计算出样品的粒径。Scherrer 公式如下：

$$D = \frac{K\lambda}{\beta\cos\theta}$$

式中　λ——射线波长；

K——常数，用半高宽时 K 取 0.9；

β——积分半高宽度，rad；

θ——衍射峰的 Bragg 角度。

六、复习思考题

(1) 制备纳米薄膜的方法都有哪些，各有何优缺点？
(2) 本实验中纳米薄膜的厚度如何测定？

实验 45 BCA 的方法测定蛋白浓度及蛋白释放曲线

一、实验目的

（1）掌握陶瓷样本蛋白吸附的方法。

（2）掌握试验盒测定蛋白浓度的方法。

二、实验原理

BCA 蛋白定量法是目前广泛使用的蛋白定量方法之一。其原理是在碱性环境下蛋白质分子中的肽链结构能与 Cu^{2+} 配合生成配合物，同时将 Cu^{2+} 还原成 Cu^{+}。BCA 试剂可敏感特异地与 Cu^{+} 结合，形成稳定的有颜色的复合物，在 560nm 处有高的光吸收值，颜色的深浅与蛋白质浓度成正比，可根据吸收值的大小来测定蛋白质的含量。

三、实验仪器及试剂

实验仪器：烘箱，恒温摇床，酶标仪，分析计算机，移液枪，去离子水，电子天平。

实验试剂：BCA 蛋白定量试剂盒（以康为世纪公司 BCA 试验盒为例，内有两种工作试剂，分别是 A 试剂和 B 试剂），陶瓷样本（以 TCP 陶瓷微球为例），PBS 溶液，96 孔微孔板，24 孔培养板，小牛血清白蛋白（BSA）。

四、试验步骤

（1）待测样本样品的获取：

1）TCP 微球超声波洗涤 15min，重复 3 次，80℃过夜烘干。

2）配制 1mg/mL、0.5mg/mL 的 BSA 溶液。

3）将烘干了的 TCP 微球称重 0.05g 加入到 1.5mL EP 管中，然后再加入 1.2mL 1mg/mL、0.5mg/mL 的 BSA 蛋白溶液，振荡均匀，并放入 37℃恒温摇床。4h 后抽取 40μL 的溶液。

4）把里面的蛋白溶液抽干，37℃干燥。

5）将第（4）步干燥了的 TCP 微球加入 1mL 的 PBS 溶液，在经过 1h、3h、7h、12h、24h、48h、72h，分别抽取 EP 管里的 PBS 溶液 60μL，此时就获得测蛋白释放所需的样本试剂。同时还需补充 60μL 的 PBS 溶液直到 72h 结束。将取得的蛋白样本放入 −40℃冷冻，待样本收集完成后解冻。

（2）配制 BCA 工作液：

BCA 工作液总量 =（BSA 标准品样本个数 + 位置样本个数）× 复孔数 ×
每个样本 BCA 工作液体积

根据计算出的 BCA 工作液需要总量，将试剂 A 和试剂 B 按照 50∶1 的体积比，配制 BCA 工作液，充分混匀。

（3）按表45-1将稀释好的A～G BSA标准品和待测蛋白样品（原液或稀释液）各25μL分别加到做好标记的96孔微孔板中。推荐每个测定的样本做3个平行反应。

表45-1　BSA标准品和待测蛋白样品数据

管　号	稀释液用量/μL	BSA标准品用量/μL	BSA标准品最终浓度/μg·μL^{-1}
A	0	100	2
B	200	200	1
C	200	200（从B管中取）	0.5
D	200	200（从C管中取）	0.25
E	200	200（从D管中取）	0.125
F	200	200（从E管中取）	0.0625
G	200	0	0（空白）

（4）每孔加入200μL BCA工作液，充分混匀，盖上96孔板盖，37℃孵育30min。

（5）冷却至室温。

（6）打开酶标仪以及分析计算机，用酶标仪在540～590nm范围内（一般用560nm）测定每个样品及BSA标准品吸光值，做好记录。

（7）绘制标准曲线，计算样品中的蛋白浓度。

五、复习思考题

（1）陶瓷材料蛋白吸附受哪些因素影响？

（2）材料蛋白释放受哪些因素影响？

参 考 文 献

[1] 北京大学，南京大学，南开大学．化工基础实验[M]．北京：北京大学出版社，2004.

[2] 姜淑敏．化学实验基本操作技术[M]．北京：化学工业出版社，2008.

[3] 朱霞石．新编大学化学实验[M]．北京：化学工业出版社，2010.

[4] 陈进荣，集明哲．化学实验基本操作[M]．北京：化学工业出版社，2009.

[5] 阴金香．基础有机化学实验[M]．北京：清华大学出版社，2010.

[6] 何平笙，杨海洋，朱平平，等．高分子物理实验[M]．合肥：中国科学技术大学出版社，2002.

[7] 徐种德，何平笙，周漪琴，等．高聚物的结构与性能[M]．北京：科学出版社，1999.

[8] 马德柱，何平笙，徐种德，等．高聚物的结构与性能[M]．北京：科学出版社，1995.

[9] 汪丽梅，窦立岩，关国英．材料化学实验教程[M]．北京：冶金工业出版社，2010.

[10] 李善忠．材料化学实验[M]．北京：化学工业出版社，2011.

[11] 刘欣，沈峥，吴大朋．光刻蚀法制备水凝胶微图案及其应用[J]．高等学校化学学报，2008，2：298～300.

[12] TANG G W，ZHAO Y H，YUAN X Y. Preparation of PLGA scaffolds with graded pores by using a gelatin-microsp-here template as porogen[J]. Journal of Biomaterials Science：Polymer Edition，2012，23(17)：2241～2257.

[13] HU X H，MA L，Gao C Y，et al. Gelatin hydrogel prepared by photo-initiated polymerization and loaded with TGF-β1 for cartilage tissue engineering[J]. Macromolecular Bioscience，2009，9(12)：1194～1201.

[14] WANG Y J，ZHANG S H，WEI K，et al. Hydrothermal synthesis of hydroxyapatite nanopowders using cationic surfactant as a template[J]. Mater. Lett. 2006，60：1484～1487.

[15] BRICHA M，BELMAMOUNI Y，ESSASSI E M，et al. Surfactant-Assisted Hydrothermal Synthesis of Hydroxyapatite Nanopowders[J]. J. Nanosci. Nanotechnol. 2012，12：8042～8049.

[16] ZHANG F，ZHOU Z H，YANG S P，et al. Hydrotherynal synthesis of hydroxyapatite nanorods in the presence of anionic starburst dendrimer[J]. Mater. Lett. 2005，59：1422～1425.

[17] MATSUNO T，HASHIMOTO Y，ADACHI S，et al. Preparation of injectable 3D-formed beta-tricalcium phosphate bead/alginate composite for bone tissue engineering[J]. Dent. Mater. J. 2008，27：827～834.

[18] SUN S H，ZENG H，ROBINSON D B，et al. Monodisperse MFe_2O_4 (M = Fe，Co，Mn) nanoparticles [J]. J. Am. Chem. Soc. 2004，126：273～279.

[19] KANG Y S，RISBUD S，RABOLT J F，et al. Synthesis and characterization of nanometer-size Fe_3O_4 and gamma-Fe_2O_3 particles[J]. Chem. Mater. 1996，8：2209～2211.

[20] 潘育松，熊党生，陈晓林．聚乙烯醇水凝胶的制备及性能[J]．高分子材料科学与工程，2007，23(6)：228～231.

[21] SANT S，HANCOCK M J，DONNELLY J P，et al. Biomimetic gradient hydrogels for tissue engineering [J]. The Canadian Journal of Chemical Engineering，2010，88：899～911.

[22] TANG G W，ZHANG H，ZHAO Y H，et al. Prolonged release from PLGA/HAp scaffolds containing drug-loaded PLGA/gelatin composite microspheres[J]. J. Mater. Sci.：Mater. Med.，2012，23：419～429.

[23] 赵俊勇，杨洪记，刘文涛，等．环保溶剂型氯丁胶的制备[J]．中国胶黏剂，2012，21(5)：49～52.

[24] WU Y L，BAI Y L，ZHENG J P. Effects of polyhedral oligomeric silsesquioxane function-alized multi-walled carbon nanotubes on thermal oxidative stability of silicone rubber[J]. Science of Advanced Materials，2014，6(6)：1244～1254.

[25] CHEN G X，SHIMIZU H. Multiwalled carbon nanotubes grafted with polyhedral oligomeric silsesquioxane and its dispersion in poly (L-lactide) matrix[J]. Polymer，2008，49：943～951.

[26] TANG G W，ZHAO Y H，YUAN X Y. Preparation of fiber-microsphere scaffolds for loading bioactive substances in gradient amounts[J]. Chinese Science Bulletin，2013，58(27)：3415～3421.

附　录

附录1　国际单位制基本单位及专门名称（见附表1和附表2）

附表1　国际单位制（SI）基本单位

量	单位名称	单位符号	备　注
长度	米	m	米是光在真空中1/299792458s时间间隔内所经路径的长度
质量	千克（公斤）	kg	千克是质量单位，等于国际千克原器的质量
时间	秒	s	秒是铯-133原子基态的两个超精细能级之间跃迁所对应的辐射的9192631770个周期的持续时间
电流	安培	A	安培是一恒定电流，若保持在处于真空中相距1m的两无限长而圆截面可忽略的平等直导线内，则在此两导线之间产生的和在每米长度上等于 2×10^{-7}N
热力学温度	开尔文	K	热力学温度单位开尔文是水三相点热力学温度的1/273.16
物质的量	摩尔	mol	摩尔是一系统的物质的量，该系统中所包含的基本单元数与0.012kg碳-12的原子数目相等
发光强度	坎德拉	cd	坎德拉是一光源在给定方向上的发光强度，该光源发出频率为 540×10^{12}Hz的单色辐射，且在此方向上的辐射强度为1/683W/sr

附表2　国际单位制具有专门名称的导出单位

量	符　号	单位名称	单位符号	用其他单位表示的表示式	用基本单位表示的表示式
频率	f、ν	赫［兹］	Hz		s^{-1}
力	F	牛［顿］	N		$kg\cdot m\cdot s^{-2}$
压强，压力	p	帕［斯卡］	Pa	N/m^2	$kg\cdot m^{-1}\cdot s^{-2}$
能，功，热量	E	焦［耳］	J	$N\cdot m$	$kg\cdot m^2\cdot s^{-2}$
功率	P	瓦［特］	W	J/s	$kg\cdot m^2\cdot s^{-3}$
电荷	Q	库［仑］	C		$A\cdot s$
电位，电势	V	伏［特］	V	W/A	$kg\cdot m^2\cdot s^{-3}\cdot A^{-1}$
电容	C	法［拉］	F	C/V	$s^4\cdot A^2\cdot m^{-2}\cdot kg^{-1}$
电阻	R	欧［姆］	Ω	V/A	$kg\cdot m^2\cdot s^{-3}\cdot A^{-2}$
电导	G	西［门子］	S	A/V	$s^3\cdot A^2\cdot kg^{-1}\cdot m^{-2}$
磁通［量］	Φ	韦［伯］	Wb	$V\cdot s$	$kg\cdot m^2\cdot s^{-2}\cdot A^{-1}$
磁感应强度	B	特［斯拉］	T	Wb/m^2	$kg\cdot s^{-2}\cdot A^{-1}$
电感	L	亨［利］	H	Wb/A	$m^2\cdot kg\cdot s^{-2}\cdot A^{-2}$
摄氏温度	t	摄氏度	℃		
光通量	$\Phi,(\Phi_v)$	流［明］	lm		$cd\cdot sr$
［光］照度	$E,(E_v)$	勒［克斯］	lx	lm/m^2	$cd\cdot sr\cdot m^{-2}$

附录 2 常见聚合物中英文对照及简称（见附表 3）

附表 3 常见聚合物中英文对照及简称

中文名称	英文名称	英文缩写	中文名称	英文名称	英文缩写
聚乙烯	Polyethylene	PE	聚丙烯腈	Polyacrylonitrile	PAN
聚丙烯	Polypropylene	PP	聚醋酸乙烯酯	Polyvinyl acetate	PVAc
聚异丁烯	Polyisobutylene	PIB	聚乙烯醇	Polyvinyl alcohol	PVA
聚苯乙烯	Polystyrene	PS	聚丁二烯	Polybutadiene	PB
聚氯乙烯	Polyvinyl chloride	PVC	聚异戊二烯	Polyisoprene	PIP
聚偏氯乙烯	Polyvinylidene chloride	PVDC	聚对苯二甲酸乙二醇酯	Polyethylene terephthalate	PET
聚氟乙烯	Polyvinyl fluoride	PVF	聚碳酸酯	Polycarbonate	PC
聚四氟乙烯	Polytetrafluoroethylene	PTFE	聚甲醛	Polyformaldehyde	POM
聚丙烯酸	Polyacrylic acid	PAA	聚酰胺	Polyamide	PA
聚丙烯酰胺	Polyacrylamide	PAM	聚氨酯	Polyurethane	PU
聚丙烯酸甲酯	poly(methyl acrylate)	PMA	环氧树脂	Epoxy resin	EP
聚甲基丙烯酸甲酯	Polymethyl Methacrylate	PMMA	硅橡胶	Silicone rubber	SI

附录 3 常见聚合物的溶剂和沉淀剂（见附表 4）

附表 4 常见聚合物的溶剂和沉淀剂

聚 合 物	溶 剂	沉 淀 剂
聚乙烯	甲苯、二甲苯	醇、丙酮、邻苯二甲酸二甲酯
聚丙烯	环已烷、二甲苯	醇、丙酮、邻苯二甲酸二甲酯
聚丁二烯	脂肪烃、芳烃、卤代烃、四氢呋喃	醇、水、丙酮、硝基甲烷
聚丙烯酸甲酯	丙酮、丁酮、苯、甲苯、四氢呋喃	甲醇、乙醇、水
聚甲基丙烯酸甲酯	丙酮、丁酮、苯、甲苯、四氢呋喃	甲醇、石油醚、已烷、环已烷、水
聚乙烯醇	水、乙二醇	丙酮、丙醇、饱和烃类、卤代烃
聚氯乙烯	丙酮、环已酮、四氢呋喃	醇、乙烷、氯乙烷、水
聚四氟乙烯	全氟煤油	大多数溶剂
聚丙烯腈	N,N-二甲基甲酰胺、乙酸酐	饱和烃类、卤代烃、醇、酮
聚乙酸乙烯酯	苯、甲苯、氯仿、二氧六环、丙酮、四氢呋喃	无水乙醇、已烷、环已烷
聚苯乙烯	苯、甲苯、环已烷、氯仿、四氢呋喃、苯乙烯	醇、酚、已烷
聚对苯二甲酸乙二酯	苯酚、硝基苯、浓硫酸	醇、酮、醚、烃类
聚氨酯	苯酚、甲酸、N,N-二甲基甲酰胺	饱和烃、醇、醚
聚硅氧烷	苯、甲苯、氯仿、环已酮、四氢呋喃	甲醇、乙醇、溴苯
聚酰胺	苯酚、甲酸、苯甲醇	烃、脂肪醇、酮、醚、酯
酚醛树脂	烃、酮、酯、乙醚	醇、水

附录4　一些常见聚合物的玻璃化温度及熔点（见附表5）

附表5　一些常见聚合物的玻璃化温度及熔点

聚合物名称	玻璃化温度 T_g /℃	熔点 T_m /℃	聚合物名称	玻璃化温度 T_g /℃	熔点 T_m /℃
聚乙烯	-125	线形135	聚丙烯腈	97	317
聚丙烯	-10	全同立构176	聚醋酸乙烯酯	28	
聚异丁烯	-73	44	聚乙烯醇	85	258
聚苯乙烯	95（100）	全同立构240	聚丁二烯	-108	2
聚氯乙烯	81		聚异戊二烯	-73	
聚偏氯乙烯	-17	198	聚对苯二甲酸乙二醇酯	85	254
聚氟乙烯	-20	200	聚碳酸酯	149	265
聚四氟乙烯		327	聚甲醛	-82	175
聚三氟氯乙烯	45	219	聚酰胺	50	228